U0191719

我的第一套物理启蒙书

（第三册）

［美］乔治·伽莫夫　著

肖蕾　译

民主与建设出版社

·北京·

第7章 现代炼金术

一、基本粒子

现在已知各化学元素的原子都是由大量电子围绕原子核运动的较为复杂的力学系统，那么以下问题便亟待回答：原子核是否为基本物质单位，无法再进行分割？我们能否将其分割为更小、更简单的部分？是否存在把92种不同的原子合并为几种极其简单粒子的可能？

在19世纪中叶，基于大部分元素的原子质量都为氢原子质量的整数倍这一事实，以及对简洁的不懈追求，英国化学家威廉·普鲁特提出了如下假说：所有化学元素的原子都由氢原子在不同程度上“聚合”而成，本质都相同。沿用普鲁特的观点，我们可以得出如下结论：氧原子必然是16个氢原子聚合而成，因为它的质量是氢原子的16倍；碘原子必然是由127个氢原子聚合而成，因为它的质量是氢原子的127倍。

不过，普鲁特的假设无法得到当时人们观察到的化学现象的支持。因为精确地测量原子质量就会发现，大部分原子的质量只是和氢原子的整倍数非常接近，但并不是整倍数；更有甚者，比如氯元素的原子质量为35.5，根本不接近整数。这些看似和普鲁特假设不相符合的现实大大降低了人们对其假说的信任，以至于普鲁特辞世之时都不知道自己离真相有多近！

直到1919年，普鲁特假设的正确性得到了英国物理学家阿斯顿[1]研究结果的证明。阿斯顿发现，普通的氯实际上

---

① 弗朗西斯·威廉·阿斯顿（Francis William Aston），生于1877年，卒于1945年，英国物理学家、化学家，1922年诺贝尔化学奖得主。他发明了质谱仪，因此发现了许多非放射性元素的同位素，为整数法则提供了证据。——译者注

是两种原子质量不同的氯元素的混合物，这两种原子质量分别为 35 和 37 的氯元素，具有完全相同的化学性质。所以，氯元素 35.5 的原子质量不过是两种氯元素混合物的平均原子量[1]。

进一步研究各种化学元素，一个惊人的事实昭然若揭：大部分元素都是混合物，由数种化学性质完全相同但原子量不等的原子混合而成。这些被称为同位素的相似原子，在元素周期表中分享同一位置。任何同位素原子质量必然是氢原子质量的整数倍，早已被抛诸脑后的普鲁特假设焕发了新的生机！基于上一章所述的原子核承载了原子大部分质量的事实，我们可以将普鲁特假设重新表述为：不同数量的基本氢原子核组成了各种原子的原子核，在物质结构中氢原子核的地位十分特殊，因此被称为“质子”。

只是，我们仍然需要对上文的表述进行一点重要修正。

---

① 在混合物中，原子量为 37 的氯元素占比为 25%，原子量为 35 的氯元素占比为 75%，因此，混合物的平均原子量为 $0.25\times37+0.75\times35=35.5$，这个结果和早期化学家观察到的数值相等。——作者注

以氧原子核为例，氧元素的元素序号为8，所以氧原子肯定带有8个电子，其原子核也必然携带8个正电荷。不过，氧原子的原子质量是氢原子的16倍。如此一来，若我们假设一个氧原子核中拥有8个质子，那么虽然电荷数相符，但是质量却不相符（二者皆为8）；若假设一个氧原子核中拥有16个质子，那么虽然质量相符了，但是电荷数却无法相符（二者皆为16）。

若想解决这一难题，假设形成复杂原子核的某些质子丧失了正电荷呈现电中性，就成了唯一合理的办法，这是显而易见的。

这些呈现电中性、我们如今称之为“中子”的质子，最早由卢瑟福在1920年提出，不过，它们在实验中现身还要等到12年后。需要强调的是，质子和中子不应被看作完全不同的两种粒子，我们应该将二者视为不同电性状态下的同一种基本粒子，统一称其为“核子”。如今，其实我们已经知道，失去正电荷，质子就会变为中子；获得正电荷，中子就会变为质子。

前述难题随着作为原子核基本单位的中子的引入，迎刃而解了。接受氧原子的原子核包含 8 个质子及 8 个中子这一现实，可以帮助我们理解氧原子原子质量为 16，却只携带有 8 个电荷的事实。排位第 53 的碘元素，其原子量为 127，原子核中包含 53 个质子及 74 个中子；排位第 92 的重元素铀，其原子量为 238，原子核中包含 92 个质子及 146 个中子[1]。

至此，时隔将近一个世纪，人们终于认可了普鲁特的大胆假设。如今，或许我们可以这样说：已知的形态万千、种类繁多的物质都是由两种基本粒子经过不同组合而成：一是作为基本粒子的核子，它可能呈电中性，也可能携带一个正电荷；二是携带自由负电荷的电子（图 57）。

---

① 仔细观察元素周期表，你就会注意到，位置靠前的元素原子量基本是原子序数的 2 倍，即，此类原子核包含相同数量的质子和中子。位置靠后的重元素，相较于原子序数，其原子量的增加速度更快，这就说明，它们的原子核中，中子数量多于质子。——作者注

图 57

下述菜谱摘自“物质烹饪大全”，向我们介绍了从满是核子及电子的储存间选取材料，在宇宙厨房烹制菜肴的过程：

水。首先备好大量氧原子，选取中子和质子各 8 个组成原子核，在其周围放上 8 个电子就能制成一个氧原子；选取 1 个质子组成原子核，在其周围放上 1 个电子就能制成一个氢原子；将氢原子和氧原子按照 2 ∶ 1 的比例混合，就能烹饪出水分子，可以用大玻璃杯盛放这些水分子，冷藏保存。

食盐。选取 12 个中子和 11 个质子组成原子核，在其周围放上 11 个电子就能制成一个钠原子；选取 18 或 20 个中子及 17 个质子（同位素）组成原子核，在其周围放上 17 个电子就能制成一个氯原子。把制好的钠原子和氯原子在三维棋盘格中排好，就能制出平常的食盐晶体。

TNT[1]。选取中子、质子各6个组成原子核，在其周围放上6个电子，就能制成一个碳原子；选取中子、质子各 7 个组成原子核，在其周围放上 7 个电子，就能制成一个氮原子。按照制水的菜谱制作氧原子及氢原子。把6个碳原子排列成环，环外再放一个碳原子。在其中 3 个碳原子上连接 3 对氧原子，并放 1 个氮原子在每个碳氧组合之间。在环外的碳原子上连接 3 个氢原子，在环内空余的 2 个碳原子上各连接 1 个氢原子。把上述这个分子排列整齐，制成大量的小晶体，并将制得的晶体压紧压实。因为这个菜品的结构不甚稳定，容易引发爆炸，所以必须谨慎操作。

如上所见，尽管以中子、质子及携带负电荷的电子为原

① TNT：学名三硝基甲苯，是一种烈性炸药。——译者注

材料，可以制作出世界上所有理想物质，但是，这份基本粒子清单仿佛不够完善。其实，若普通电子携带自由负电荷，那么携带自由正电荷的正电子是否存在呢？

另外，如果获得一个正电荷可以让作为物质基本单位的中子变为质子，那么它为何不能获得一个负电荷，变为负质子呢？

事实上，自然界中的确存在携带正电荷的正电子，它和带负电荷的普通负电子非常类似。虽然尚未得到物理学的证明，但是世界上可能真的存在负质子。

物理世界中，正电子及负质子（若真实存在的话）的数量之所以远小于负电子和正质子，是因为它们是两组相互对立的粒子。我们都知道，如果把一正一负两个电性相反的电荷放在一起，它们就会相互抵消。所以，人们不应对携带正、负自由电荷的正电子和负电子在同一空间共存的事情抱有希望。实际情况中，若是一个正电子和一个负电子相遇，二者就会因为电荷的相互抵消而丧失独立粒子的身份。只是，电子的湮灭会使得二者相遇之处产生一种被称为 γ（伽玛）射线的、带有两个湮灭粒子原始能量的强烈电磁辐射。能量既无法凭空产生，也不会随意消灭，这是物理学的基本定律，因此，这个过程中其实是辐射波的电动能取代了自由电荷的静电能。玻恩[①]教授用“狂热的婚姻”来形容正、负电子相遇并湮灭的现象，不过，布朗[②]教授却较为悲观地将其形容为“共同自杀”。正、负电子的相遇及湮灭如图58a所示。

两个电性相反的电子相遇并“湮灭”的过程，与强γ射线仿佛无中生有地创造一正一负两个电子的“电子对形成”的过程互逆。由于电子的新生伴随着γ射线能量的消耗，所以我们在无中生有之前加上了“仿佛”一词。其实，γ射线在形成电子对过程中消耗的能量完全等于电子在湮灭过程中释放的能量。如图58b所示，电子对的创造过程[③]，发生在γ射线辐射在原子核附近时。尽管一正一负两种相反电荷仿佛

---

① 参考资料为：玻恩（H.Born），《原子物理》，*Atomic Physics*，G.E.Stechert & Co，纽约，1935。——作者注

② 参考资料为：布朗（T.B.Brown）；约翰·威立，John Wiley & Sons，《现代物理》，*Modern Physics*，纽约，1940。

③ 从理论上来说，虽然在真空中也有可能形成电子对，但是原子核周围存在电场对电子对的形成极为有利。——作者注

在不带电的空间中“无中生有”，但是，这和橡胶棒与羊毛布互相摩擦后，分别携带正、负电荷的实验比较起来，也不至于令人太过惊讶。只要能量足够，任何数量的正、负电子对都能够被制造出来。不过我们很清楚，电子对相遇会非常迅速地相互湮灭，在此过程中，它们会将消耗的能量“如数奉还”。

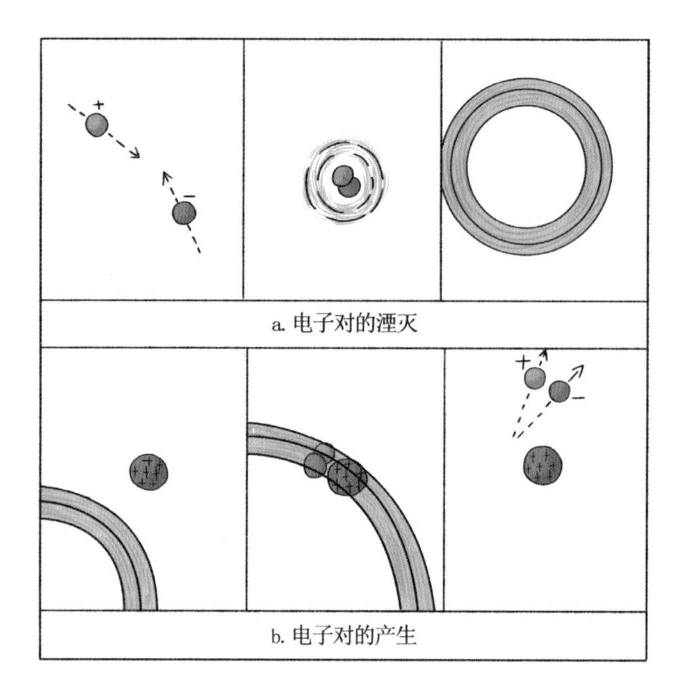

图 58　正、负电子对在“湮灭”过程中释放电磁波，电磁波辐射原子核“创造”出一对电子的示意图。

高能粒子在宇宙中流经大气层时会产生“宇宙射线簇射”，这一现象是“批量生产”电子对的有趣案例。尽管浩瀚宇宙中为何会有如此之多射向四面八方的宇宙射线的问题还没有答案[1]，但是对于这些飞速运动的电子撞击大气层时的情况却已经一清二楚了。高速运动的原电子接近大气的原子核时，就会将其蕴含的能量释放出来，被释放出来的能量会形成 γ 射线（图 59）。接着，γ 射线会制造出大量电子对，它们会沿着原电子轨迹继续快速运动。新的电子蕴含的大量能量会继续制造更多 γ 射线，大量的 γ 射线又会进一步制造出大量新电子对。大气层中上述过程循环往复，待原电子抵达海平面时，随之而来的还有一半正电、一半负电的大量二级电子。毋庸置疑，在电子穿越更

宇宙射线：简称宇宙线，是来自外太空的带电高能次原子粒子，来源可能是太阳，或其他恒星。宇宙线可能会产生二次粒子穿透地球的大气层。

① 这些高能粒子的运动速度足有光速的 99.9999999999999%，关于这些高能粒子的起源，一个看似最合理但也最漫无边际的解释，也许就是假设它们受到了宇宙中飘浮的巨型气团和尘埃云（星云）中蕴含的高电势的帮助。我们其实可以用大气层中普通雷雨云制造闪电的方式类比星际云集聚电荷的原理，区别仅仅在于后者的电势差更大。

为厚重巨大的物体时，类似的宇宙射线簇仍旧被源源不断地制造出来，因为此时的物体密度比空气大，所以电子会以更高的频率分岔（见照片Ⅱ A）。

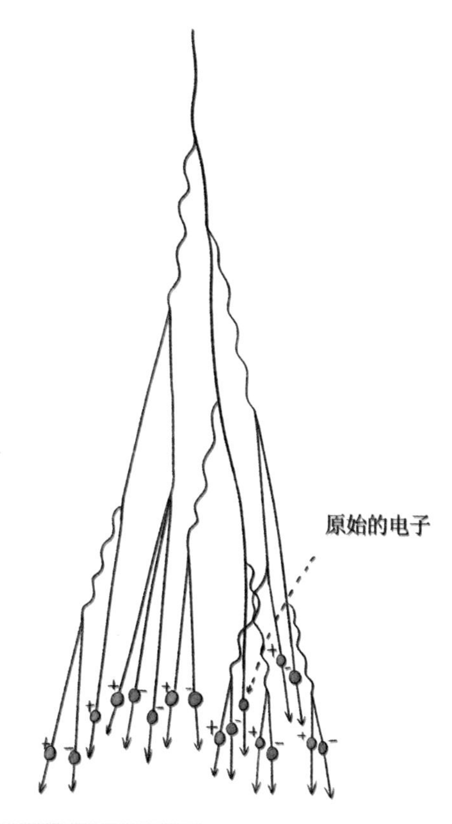

图 59 宇宙射线簇射起源示意图

接下来我们将要讨论一下或许真实存在的负质子，若如我们所料，一个中子获得一个负电荷或者失去一个正电荷就能形成一个负质子。负质子正如正电子一样，无法长时间在普通物质中存留，这一点很好理解。其实，带正电的原子核在负质子形成后会立即将其吸收，负质子在进入原子核后或许会变成中子。所以，即使物质世界中，这种能使基本粒子表变对称的微粒是真实存在的，也很难探测到它们的存在。别忘了，普通负电子的概念在科学世界现身半个多世纪后，才真正发现了正电子的存在。若世界上真实存在着负质子，那么反原子或反分子——权且这么称呼——也有可能存在。普通的中子和负质子构成了这类原子或分子的原子核，周围还环绕着正电子。在性质上，它们和普通原子并无分别，只要不把“反水”或“反黄油”和普通同类物质放在一起，我们根本没有办法将它们区别开来。不过，两种反物质一经邂逅，其所携带的电性相反的电子就会立马一起湮灭。在这个过程中，携带相反电荷的核子也会立马中和、丧失电性，其混合过程将会释放出比原子弹更强的能量。据我们所知，由反物质构成的行星系可能真实地存在于宇宙之中。若真如此，将一块普通岩石从我们太阳系向其抛去，或者相反，从其抛来一块普通岩石，那么这块石头落地的刹那就会成为一颗原子弹。

至此，有关反原子的猜测假设暂时告一段落，我们将目光转向另一种非同寻常的、频频现身于各类可观察物理过程的基本粒子——“中微子”。在很多人看来，所谓的“中微子”能够进入物理世界完全是因为“走了后门”，也有很多人哭天抢地地不肯承认它的存在，不过，现如今，身为基本粒子家族成员的中微子已经站稳了脚跟。现代科学历史上最让人心潮澎湃的侦探故事之一就是中微子的发现及认可。

在数学“反证法”的帮助下，发现了“中微子”的存在。这一振奋人心的消息，并不是因为人们发现了什么东西，而是因为人们发现物理过程中缺少了某些东西。能量就是这些缺少了的东西。我们既无法凭空创造能量，也不能随意毁灭能量，这是最古老的、最无法撼动的物理定律，可是现在，那些本该存在的能量却有一部分失踪了，那么它们肯定是被一个或一群盗贼偷走了！科学侦探们严谨认真，虽然他们连这些盗贼的面都没见过，但还是为它们取了“中微子”这个名字。

但这些都是后话，现在我们需要将目光转回到“能量失窃案”本身：如前所述，所有原子的原子核皆由核子组成，核子大概一半为呈电中性的中子，剩下的为携带正电荷的质子。若是向电子核中加入额外的几个中子或者质子，那么原子核内部的中子、质子数量平衡就会被打破[1]，原子核所携带的电荷也会因此而调整。若中子比例较高，那么一些中子就会向外释放负电子变为质子；若质子比例较高，那么一些质子就会向外释放正电子变为中子。图 60 所示的就是以上两种过程。原子核此种电荷调整过程被称为 β（贝塔）衰变，衰变过程向外释放的电子被称为 β 粒子。因为所有原子核的内部转化都严格按照上述过程进行，所以在此过程中释放而出的电子总是蕴含着一定的能量，所以，我们理所当然地认为，这些被释放出来的 β 粒子以相等的速度运动。可是，

① 后面章节所讲的核轰击的方法可以实现这一目标。——作者注

对 β 衰变过程进行观测的结果却与上述预期相去甚远。根据观察，人们发现，物质释放出的电子的能量值其实大小并不相同，其范围在从零到某一上限。在这个过程中并未发现别的粒子或者射线，因而，β 衰变过程中的“能量失窃案”性质非常严重。

人们一度将此视为首个证明能量守恒定律失效的实验证据，若真如此，那么结构精密的物理大厦将面临一场大地震！不过，也有其他的可能性，那就是，一种全新的粒子带走了失踪的能量，而我们的全部观测方法都没有观测到这种粒子的逃逸。泡利[1]将这种盗窃核能的“巴格达窃贼”称为中微子，并将其假想成了一种质量小于普通电子、呈现电中性的粒子。其实，这种电中性的轻粒子可以毫不费力地穿透所有物质，且它本身并不会被任何装置探测到，这是我们从高速粒子与物质相互作用的已知事实出发，推断出的结论。一层薄金属膜就可以阻挡可见光，几英寸的铅可以大幅度降低穿透性极高的 X 射线和 γ 射线的强度，可是，一束中微子却能

① 沃尔夫冈·泡利(Wolfgang Pauli)，生于 1900 年，卒于 1958 年，瑞士籍奥地利物理学家。1945 年诺贝尔物理学奖得主；提出了泡利不相容原理。——译者注

毫不费力地穿透厚达数光年的铅！难怪无论采取何种手段都无法观测到它们，只因为逃逸时失窃的能量才暴露了它们的存在。

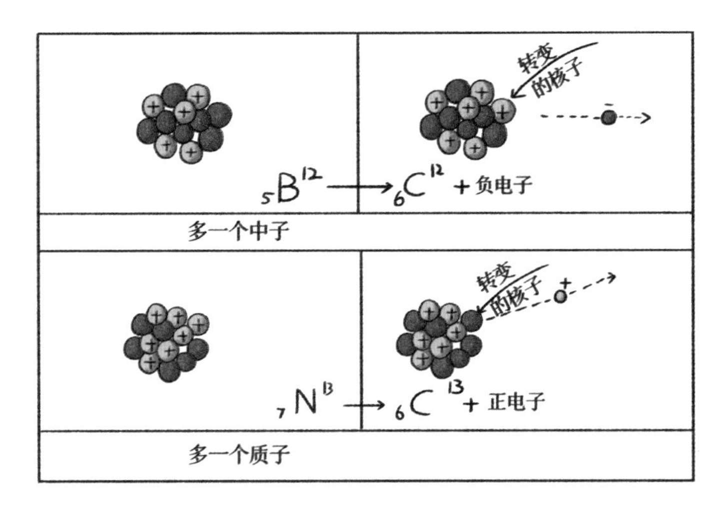

图 60 正 β 衰变及负 β 衰变示意图（为方便起见，在同一平面呈现了全部核子）。

虽然中微子离开原子核以后，我们就无法追寻它的踪迹，但是可以通过一种方法对它们逃逸时引发的次级效应展开研究。扣动步枪的扳机之后，你会感受到来自枪体的后坐力；射出一枚重型炮弹的大炮，炮身总会向后滑动；由此可知，射出高速粒子的原子核必然也会存在类似的力学反冲效应。其实，通过观测，人们的确发现了，发生 β 衰变的原子核总是会获得一个与被射出电子方向相反的速度。除此之外，科学家们还观察到，原子核获得的速度总是相对恒定，无论射出的电子速度如何（图 61）。这的确颇为奇怪，因为我们总是自然而然地以为，速度较快的子弹产生的反冲力肯定大于速度较慢子弹产生的反冲力。科学家对此做出的解释如下：随着电子被射出原子核，一个会“盗窃”能量、保持能量平衡的中微子也被释放出来。如果电子运动速度较快，就会带走许多能量，那么中微子就会以较低的速度运动，反之同理。所以，在这两种粒子的共同影响之下，原子核反冲时总是保持速度恒定。若这一现象都无法为中微子的存在提供证据，那么就再也没有能证明其存在的证据了！

至此，我们可以对构成宇宙基本粒子的种类及其关系进行一下总结了。

排在首位的是核子这一基本物质粒子。根据当前的研究成果，核子若非呈电中性，就是携带正电荷。当然，或许还存在携带负电荷的核子。

排在第二位的是电子，电子是自由电荷，要么带正电，要么带负电。

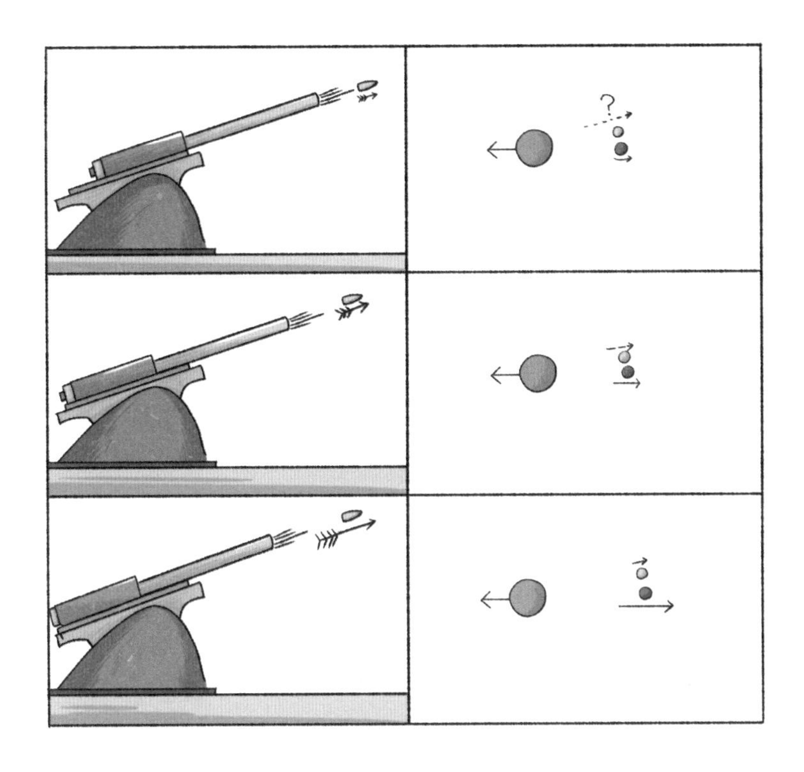

图 61　弹道及核物理中的反冲作用力

排在第三位的是充满神秘色彩的中微子，它的质量比电子小很多，且呈电中性。[1]

排在最后一位的是电磁波，它的作用是帮助电磁力在空间传播。

作为物质世界基本组成部分的这些微粒互相依赖，并能以各种方式相结合。所以，中子变成质子，需要释放负电子和中微子各一个（中子→质子＋负电子＋中微子）；质子变回中子，需要释放正电子和中微子各一个（质子→中子＋正电子＋中微子）。电性相反的两个电子相遇能够转化成电磁辐射（正电子＋负电子→辐射），抑或是反其道而行之，辐射也可制造出两个电性相反的电子（辐射→正电子＋负电子）。最后，中微子与电子也能结合生成无法在宇宙射线中观测到的、被称为介子的不稳定粒子，或者不太恰当地称其为重电子（中微子＋正电子→正介子；中微子＋负电子→负介子；中微子＋正电子＋负电子→中性介子）。

① 最新实验结果表明，中微子的质量不足电子质量的十分之一。——作者注

中微子和电子的结合体蕴含大量内能，因此，结合体的质量足足有两种粒子质量之和的 100 倍之多。

图 62 向我们展示了作为宇宙基本粒子的图示。

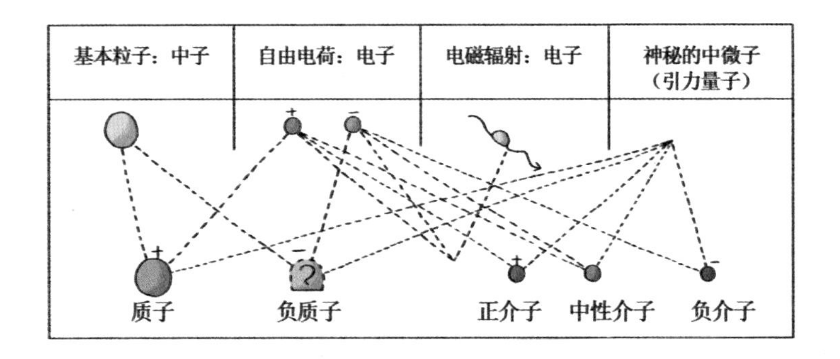

图 62　现代物理学的基本粒子以及各种粒子组合示意图

也许你会问："就这些吗？我们如何断定核子、电子和中微子就是无法分割为更小部分的真正基本粒子？别忘了，距离人们将原子当作不可分割的最小部分仅仅过去了半个世纪！现在再看看，原子的结构是多么复杂啊！"我们只能回答，虽然无法预测物理学的未来发展，但是，现有证据的确表明，核子、电子及中微子就是无法进一步分割的基本粒子。这是因为，曾经被断定无法进一步分割的原子，其化学性质、光学性质及其他性质各不相同且相当复杂，可是现代物理学中的基本粒子却具有极其简单的性质；实际上，其简单程度几乎不亚于几何点。除此之外，经典物理学中拥有数量庞大、种类繁多的“不可再分的原子”，可是我们的基本粒子只有核子、电子及中微子这三种。虽然我们盼望将一切事物化繁为简，并努力尝试揭示万物的简单本质，但它们终将存在，而不会化为乌有。所以说，这条探寻物质基本元素的道路，我们仿佛真的走到了尽头[1]！

二、原子的中心

如今我们已经对构成物质的基本粒子的本质及特性有了全面的了解，所以现在，我们需要开始对原子核——每个原子的心脏进行详细研究了。尽管在一定程度上，我们可以将原子的外层结构类比成微型的行星系统，但是，原子核的内部结构却是另一番景象。我们需要明确的第一件事情就是，

① 作者著书时，上述结论就是当时最新的科学进展。不过，1968 年作者辞世之后，科学家发现中子及质子并非真正的基本粒子，真正的基本粒子是夸克。——译者注

由于核子中有一半是呈现电中性的中子，另一半是彼此排斥的、携带正电荷的质子，那么促使原子核各部分成为整体的绝不单单是电磁力而已。因为，若只有斥力这一种力量存在于粒子之间，那么粒子的结构根本不可能稳定！

所以，必须假设粒子之间存在另外一种能够对电中性及带电核子同时起作用的引力，才能合理解释原子核内部能够合为一体这一现象。通常情况下，我们把能够将不同性质粒子合在一起的力称为“内聚力”。比如说，正是因为内聚力的存在，普通液体分子才能合为一体，不至于四处飞散。

类似的“内聚力”同样存在于原子核内部的独立核子之间，它能够防止质子斥力分裂原子核。因为这种内聚力的存在，原子核内的核子才能够像罐头中的沙丁鱼那样彼此紧靠；不过原子核外的电子分成数层，且每个电子的移动空间都非常充足。第一个将原子核内部的结构方式类比为普通液体分子的，正是本书作者。原子核中的表面张力与普通液体类似，都是非常重要的现象。也许你还记得，如图 63 所示，液体内部的粒子同时受到四周粒子朝向各个方向的拉力，但是液体表面的粒子却只受到向内的拉力，液体表面张力现象因此产生。

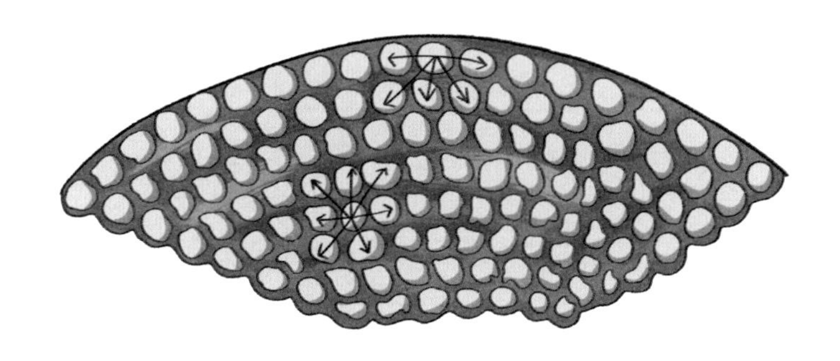

图 63 解释液体表面张力的示意图

体积相同时球体的表面积最小，所以，在没有外力影响的情况下，液滴总是倾向于形成球体。至此，我们可以得出如下结论：可以把不同原子的原子核简单地看作“核流体”液滴，这些液滴的性质相同，大小不一。不过，需要谨记的是，尽管从定性的角度来看，核流体和普通液体十分相近，但是从定量角度来看，二者却有着天壤之别。实际上，核流体的密度足有水密度的 240，000，000，000，000 倍之巨，表面张力足有水表面张力的 1，000，000，000，000，000，000 倍之巨。我们举个例子，以使读者具体理解这些天文数字。假设我们有一个如图 64 所示的边长为 2 英寸的倒 U 形金属线框，然后用一根直金属丝将其底边封住，用肥皂水在方框内涂一层肥皂膜。肥皂膜的表面张力会使金属丝承受一个向上的拉力，我们可以将一些重物挂在金属丝上以抵消拉力。若肥皂水的配方是普通肥皂和一般的水，在皂液膜厚 0.01 毫米的情况下，大约重 0.25 克，所能承受的最大质量为 0.75 克。

图 64

火卫二：火星最小的一颗卫星，平均半径为6.2千米。在希腊神话中，火卫二是火星阿瑞斯与金星阿芙罗狄蒂的儿子“Deimos”，这个名字在希腊语中意为“惊慌”。

现在，假设我们把薄膜的配方换作核流体，那么其重量大约是5000万吨（大致与1000艘海轮的重量相当），金属丝大约能够承受1万亿吨的重量，与火星的第二颗卫星“火卫二”的重量相当！若有人能用核流体吹肥皂泡，那他的肺活量肯定十分令人惊讶！

当我们做出原子核是核流体形成的小液滴这一假设时，千万不能忽略了液滴带电这一事实，因为组成原子核的粒子中质子占据了半壁江山。原子核之所以不稳定，是因为两种作用力的拮抗——存在于核内粒子之间的电斥力一直致力于拆散原子核，与此同时，表面的张力又始终致力于将核内粒子结合为整体。在表面张力处于优势地位时，原子核绝对不会自行分裂，两个原子接触时就会倾向于像普通液滴那样发生聚变，合为一体。当然，如果情况相反，占据优势地位的是电斥力，那么原子核就会倾向于分裂成两个或两个以上高速分飞的部分。我们通常将这一分裂过程称为“裂变”。

1939年，玻尔和惠勒[1]精确计算了不同元素原子核内的表面张力及电斥力的平衡关系，并由此得出了一个极其重要的结论：位于元素周期表前半部分元素（到银元素为止）的原子，占据优势地位的是核内的表面张力；位于元素周期表后半部分的重元素，占据优势地位的是原子核内的静电斥力。由此可知，位于银元素之后的所有重元素的原子核相对都不太稳定，只要外力足够强大，它们就会如图65b那样，分裂成两个及两个以上部分并释放出巨大的核能。与之相反，位于银元素之前的两个轻元素的原子核会如图65a所示，因为相互靠近而自发聚变。

不过，我们需要牢记，只有在外力影响的情况下，轻量原子的核聚变和重量原子的核裂变才有可能发生。其实，只有想办法克服两个轻量原子核间的静电斥力，让它们彼此靠近，才能发生核聚变；只有施加强大外力，使重量原子原子核大幅震动，才能发生核裂变。

---

[1] 约翰·阿奇博尔德·惠勒（John Archibald Wheeler），生于1911年，卒于2008年，美国物理学家、物理学教育家，主要从事量子理论及相对论的研究。——译者注

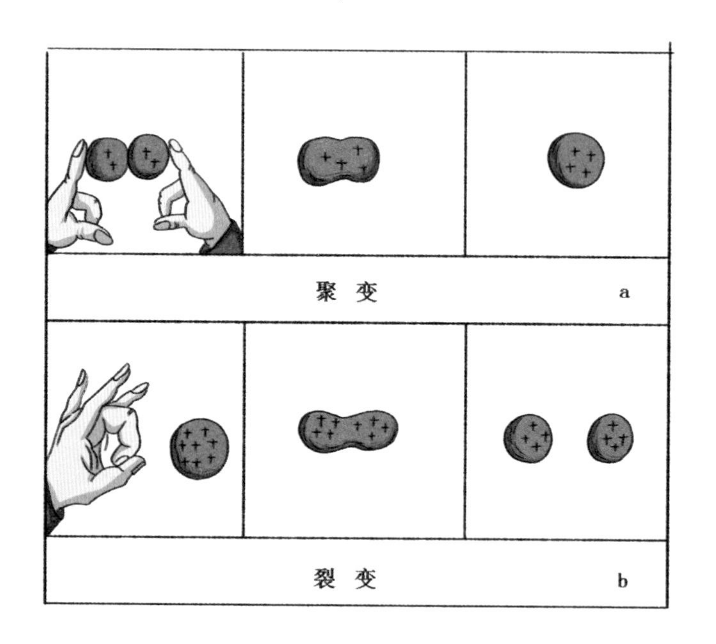

图 65

科学上用“亚稳态”这一术语来形容这种需要初始触发才能促使特定物理过程发生的状态。“亚稳态”的案例很多，譬如某块在悬崖边上摇摇欲坠的岩石、装在口袋里的一根火柴，抑或是装进炸弹之中的 TNT 炸药。这种状态下，大量能量蓄势待发，但只有推上一下，岩石才会滚落；只有与鞋底或其他物体摩擦，火柴才会点燃；只有将引线点燃，TNT 炸药才会爆炸。实际上，除了银币[1]，我们生活中的所有物质几乎都有发生核爆炸的可能，但世界仍在，并未被炸碎。这是因为，需要非常苛刻的条件才能触发核反应；换成更为科学的语言就是，触发核反应需要极高的能量。

核能之下人们的处境（更确切地说，近来我们的处境）与居住在冰点之下环境中的因纽特人颇为相似。于因纽特人而言，冰是唯一的固体，酒精是唯一的液体。火这种东西从未出现在因纽特人的世界，因为两块相互摩擦的寒冰永无生出火焰的可能。在他们眼中，酒精不过是一种娱人心神的饮料，因为他们永远无法将酒精的温度加热到燃点之上。

我们因原子内部可以释放的巨大能量而震撼、惊诧，一如初次看见酒精灯的因纽特人。

但是，一旦触发核反应的困难被攻克，带来的回报也将相当丰厚。以氧原子与碳原子的等量结合为例，其化学方程式如下：

① 需要牢记，银原子核既不会裂变也不会聚变。——作者注

$O+C \rightarrow CO+$ 能量

在这一化合反应过程中，每克混合物释放的能量为 920 卡路里[①]。若我们不用图 66a 所示的这种化学方式合成分子，而是采用如图 66b 所示的聚变的炼金术方式使两个原子相结合，其方程式如下：

${}_{6}C^{12}+{}_{8}O^{16}={}_{14}Si^{28}+$ 能量

如此一来，每克混合物所释放的能量高达 140 亿卡路里之巨，足有原先的 1500 万倍。

同理，通过化学方式将 1 个复合 TNT 分子分解为水、一氧化碳、二氧化碳和氮气分子（分子裂变），释放的能量约为 1000 卡路里；但是，同等重量的汞在核裂过程中释放出的能量却高达 100 亿卡路里。

① 卡路里是热量单位，代表将 1 克水的温度提高 1 摄氏度需要的能量。——作者注

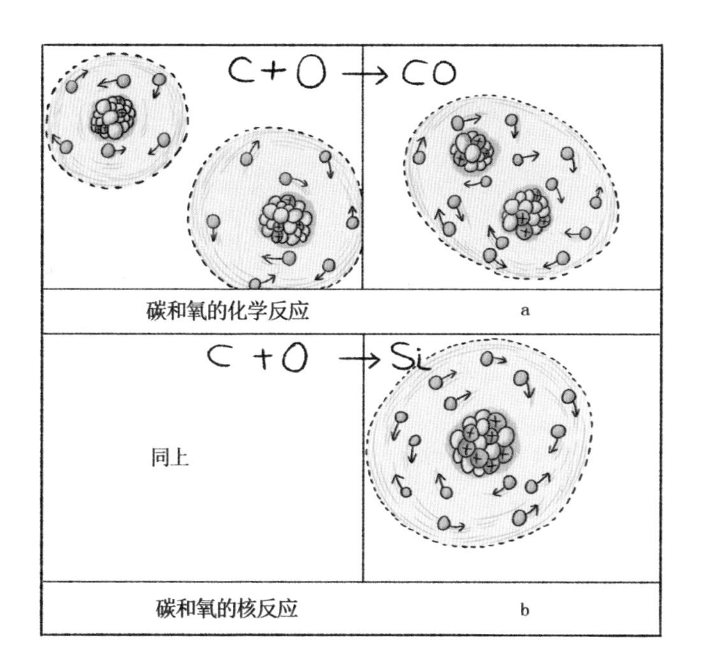

图 66

但是，千万别忘了，大多数化学反应需要的温度不过数百摄氏度，而触发核反应的温度最低也要达到几百万摄氏度！不过这一苛刻条件总算让人松了口气，最起码不用再为宇宙在一场大爆炸中变成一块银子而提心吊胆。

三、轰击原子

尽管原子核的复杂性已被原子量的整数特性有力证实，不过，要想为原子核结构的复杂性提供更加直接的证据，只能设法将一个原子核再分为两个或两个以上独立部分。

1896 年，因为贝克勒尔[①]发现的放射现象，我们才第一次知道了原子的确有分裂的可能。人们发现，铀、钍等位于元素周期表末尾的元素，其原子会自发缓慢衰变，并且在此过程中产生一种类似于普通 X 光的辐射，这种辐射具有很强的穿透力。科学家对此进行深入研究之后，得出了如下结论：重原子的原子核会自发衰变，分裂成两个大小不一的部分，较小部分是氦原子的原子核，被称为 α 粒子；剩余的较大部分就是子元素的原子核。α 粒子自原铀原子核中分裂出来之后，剩余部分子元素被称为铀 X_{I}，铀 X_{I}的内部会重新调

---

① 安东尼·亨利·贝克勒尔(Antoine Henri Becquerel)，生于 1852 年，卒于 1908 年，法国物理学家，1903 年诺贝尔物理学奖得主，发现了物质具有放射性。——译者注

整电荷，释放出 2 个自由负电荷（普通电子），于是它就会变成原铀元素的同位素，只是原子核比原来轻 4 个单位。接着，周而复始地进行着调整电荷及释放 α 粒子的过程，直到其变成较为稳定、不再继续衰变的铅原子核为止。

在以重元素钍为首的钍族元素和以锕、铀元素为首的锕族元素身上，也观察到了这种释放 α 粒子及调整电荷释放电子的连续性的放射性反应。以上三族元素会连续不断地自发衰变，直至其变成铅的三种同位素为止。

前文曾经提到，位于元素周期表后半部分的元素，其原子核内部的电斥力比将原子核合为一体的表面张力更强，所以这些元素的原子核都不太稳定。若读者将此内容和元素自发放射衰变对照阅读，可能会惊讶万分，产生如下疑问：若位于银元素之后的元素的原子核都不太稳定，那么为何自发放射衰变的现象只发生在铀、镭、钍等几种最重的元素身上？这是因为，就理论而言，尽管所有位于银元素之后的元素都应被看作放射性元素，且实际上它们也的确正在缓慢地衰变，变成质量较轻的元素；不过，一般情况下，这种衰变过程已经缓慢到了我们无法觉察到的程度。所以，我们熟知的碘、金、汞、铅等元素，一两次的分裂都要持续数百年，其过程之缓慢就连最精确的物理设备都无法记录。所以，只有那些自发衰变趋势较强的最重元素身上，才能表现出明显的放射性[①]。不稳定原子核的分裂方式同样由“相对转化率”决定。还是以铀原子核为例，其分裂方式有很多种，既能够自发分裂为相等的两个部分，也可以分裂为相等的三个部分，还可以分裂为大小不等的几个部分。不过，分裂为一个 α 粒子和一个子元素原子核是最容易的，也是最常见的。观测结果表明，铀原子核自发分裂为相等两部分的频率要比释放 α 粒子的频率低上大概 100 万倍。所以说，1 秒内，每克铀原子的原子核自发分裂释放出的 α 粒子都多达上万个，可是要想看一个原子核自发衰变成相等的两个部分，却需要耐心等待数分钟。

放射现象的发现为原子核结构的复杂性提供了铁证，也为人工制造（或诱导）核反应实验开辟了道路。随之而来的

① 譬如，1 秒内，每克铀中进行分裂的原子都高达几千个。——作者注

一个问题就是，既然那些极其不稳定的最重元素的原子核能够自发衰变，那么我们是否可以通过向其他相对稳定元素的原子核施加强烈刺激，使其因为撞击而分裂呢？

在这一问题的指引下，卢瑟福决定用那些不稳定放射元素的原子核自发分裂产生的核碎块（α 粒子），对各种相对稳定元素的原子核进行密集轰击。图 67 所示是 1919 年卢瑟福首次核反应实验中所使用的仪器，和如今物理实验室中用以轰击原子的巨型仪器比较起来，这一仪器可以说是极其简陋。仪器的主体是一个圆柱形的中空容器，容器底部开有小窗，小窗由涂满荧光材料的薄屏制成（c）。圆柱体内有一个金属片，上面有一些能够产生 α 粒子的放射性物质（a），轰击对象是放在距 a 一定的距离的金属薄片（本例为铝片）（b）。我们用特殊方式放置金属薄片，使得入射的 α 粒子全都射在金属薄片上，因而荧光屏不会被照亮。如此一来，除非轰击使得靶目标释放出了次级核碎块，否则荧光屏就会始终黑暗。

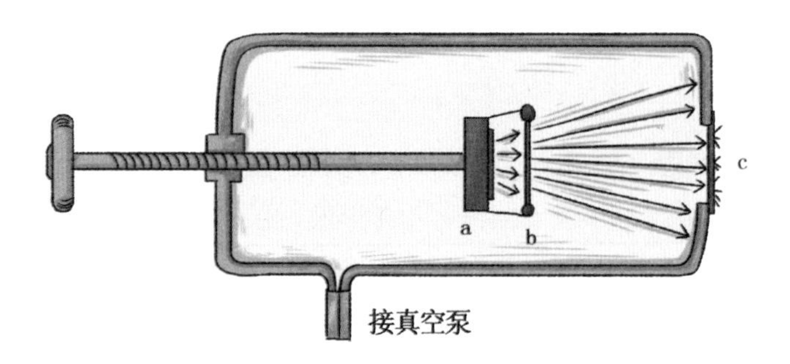

图 67 原子的第一次人工分裂

做好所有准备后，卢瑟福开始通过显微镜察看荧光屏，他看到的并非一片黑暗景象。整个屏上有无数个亮点光芒闪闪烁烁！每一个亮点都是质子撞击荧光材料留下的印记，质子则是靶目标上的铝原子在 α 粒子的轰击下，产生的“碎片”。如此一来，因此，本来只存在于理论世界的人工转化元素变成了无可争议的科学事实[1]。

卢瑟福经典实验之后的数十年中，对元素进行人工转化的科学成了物理学中最大且最重要的分支之一，无论是催生

① 上述过程的反应式如下：
$_{13}Al^{27}+_{2}He^{4}\rightarrow{}_{14}Si^{30}+_{1}H^{1}$。——作者注

轰击原子核的高速粒子的方法，还是观测实验结果的方法都取得了长足进步。

图 68 向我们展示了一种名为云室（又名威尔逊云室，名字源自发明它的人）的仪器，它是肉眼观察粒子撞击原子核的最理想的仪器。云室的运行基于如下事实：高速运动的带电粒子，例如 α 粒子，穿透空气或任何其他气体时，都会导致沿途的原子内部产生一定程度的变形。高速粒子的电场极其强大，因此会夺走沿途气体原子的一个或数个电子，徒留许多离子化的原子。当然，由于离子化的原子重新俘获电子回归正常状态仅需要很短时间，所以离子化状态的持续时间不长。不过，若是离子化的气体和水蒸气混合并饱和，那么所有离子四周都会形成小液滴——水蒸气很容易与离子、尘埃等微粒集聚一体，这是它的特征——于是，高速粒子的运动轨迹就会出现一条薄薄的雾带。换言之，我们可以

云室：在一定空间里，模拟云雾条件，进行不同物理实验研究的设备，是早期核辐射探测器，也是最早的带电粒子探测器。云室由威尔逊在 1896 年提出，故称威尔逊云室。

因此看到所有带电粒子穿透气体时的轨迹，就如同看到飞机在空中留下的烟蒂一样。

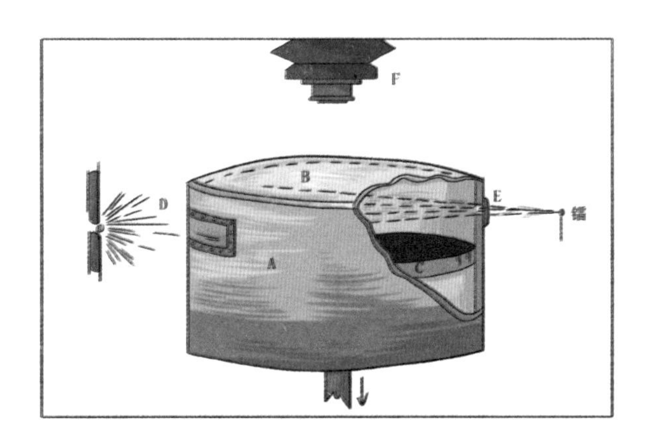

图 68 威尔逊云室示意图

就技术而言，云室这种设备极其简单，主要部件是一个带有可移动活塞（C）（图中并未画出推动活塞移动的装置）的金属圆筒（A）和一个玻璃盖（B）。玻璃盖和活塞之间满是普通空气（你可按需将其换为任何其他气体），其中含有大量水蒸气。高速粒子穿过窗口（E）进入云室后，若马上拉下活塞，就能马上冷却活塞上方的空气，因而粒子轨迹周围的水蒸气就会凝结成一条薄薄的雾带。强光透过侧窗（D）照射进来，与活塞的黑色表面形成鲜明对比，薄雾即使用肉眼也能看得非常清楚，当然，也会被由活塞开关自动触发的照相机（F）拍摄下来。这套装置虽然简单，却是现代物理学中最有意义的设备之一，在它的帮助下，我们记录下了高速粒子轰击原子核的美丽瞬间。

科学家们肯定希望可以设计出一种仅用强电场给各带电粒子（离子）加速就能制造出强大粒子束的方法。这种方法一方面可以节约稀有昂贵的放射性材料，另一方面可以使我们利用其他类型的粒子（如质子）获得比一般的放射性衰变更高的能量成为可能。静电发生器、回旋加速器和直线加速器就是最重要的用以制造强大高速粒子束的仪器，图 69、图 70、图 71 向我们展示了它们的基本原理和功能。

在上述加速器的帮助下，我们可以制造出各种强大的粒子束，用它们对各种材料的靶子进行轰击，就能制造出大量的核反应，用云室将反应过程拍摄下来，会为以后的研究提供很多便利。附后的照片Ⅲ和照片Ⅳ是一些云室照片，向我们展示了一部分核反应过程。

图 69 静电发生器示意图

根据最基本的物理学原理可知，球形金属导体的电荷分布在它的表面。因而，我们可以在球体表面开个洞，将带电小导体深入其中，使其和球体的内表面相接触，将一个一个的电荷送入其中，如此一来，金属球可以达到任意值的电势。实际操作时，伸入球体的小导体是一根连续的传送带，制造电荷的是一台小变压器。

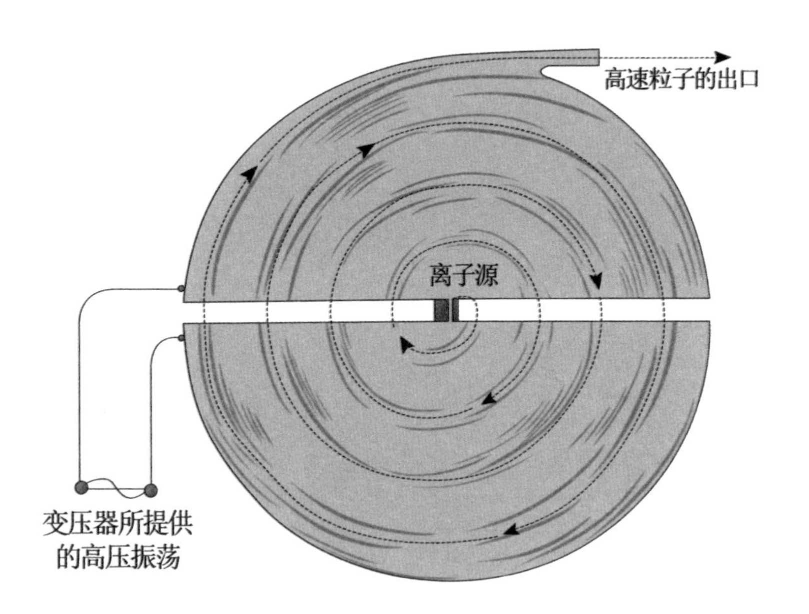

图 70 回旋加速器示意图

回旋加速器的主要组成部分是两个半圆形金属核，它们会被放进与纸平面垂直的强磁场之中。将其连上变压器，金属核就会交替携带正电及负电。离子从圆心出发，在磁场中沿着圆形轨迹运动，每次从一个金属盒进入另一金属盒，离子运动速度都会增加。随着离子加速运动，其运动轨迹就会呈现为向外展开的螺旋形，最终，离子会以极高的速度冲出加速器。

图 71 线性加速器示意图

线性加速器的主要部件是数个长度渐增的圆筒，这些圆筒与变压器相连，交替携带正电及负电。因为存在电势差，所以离子离开圆筒进入下一个圆筒的时候，速度会增加，相应的能量值也会增加。因为速度和能量的平方根成正比，所以要想保持离子与交变电场处于相同相位，只需保证圆筒的长度和它的序号成正比即可。制造出一个足够长的装置，我们就可以将离子的速度增加到任意大。

剑桥大学的布莱克特是首张这类照片的拍摄者，这张照片向我们展示了一束天然 α 粒子穿过满是氮气的云室的景象[①]。这张照片首次表明，离子穿过气体时会因能量损耗而最终停止前进，所以离子运动轨迹的长度是有限的。所以，

① 上述过程的核反应式为：${}_7N^{14}+{}_2He^4 \rightarrow {}_8O^{17}+{}_1H^1$（本书未收录此张照片）。——作者注

这两组明显长短不一的运动轨迹说明粒子源（同位素 ThC 和 ThC′ 的混合物）可以释放两组能量不同的 α 粒子。我们可以看到，α 粒子一般是沿着直线运动，但在最后初始能量将要耗尽的地方，其运动轨迹会发生偏移，若此时它们和氮原子的原子核发生非正面碰撞，那么偏斜的可能性就会更大。不过，这张照片引人关注之处在于，其中一条 α 粒子的运动轨迹存在特殊分岔，一条分岔细长，一条分岔粗短。这就说明，射入云室的 α 粒子和某个氮原子的原子核发生了直接的正面碰撞，因为碰撞而被氮原子核释放出的质子，其运动轨迹细长；剩余部分的原子核碎片运动轨迹粗短。照片中观察不到 α 粒子反弹产生的第三条线的存在，这就说明，入射的 α 粒子附着在原子核的碎片之上，随其一起运动。

照片Ⅲ B 展示的是人工加速后的质子与硼原子核相撞的景象。高速质子束从照片中黑影处的加速器出口射出，撞击位于洞口处的那层硼片，核碎片四下散落进入空气之中。这张照片有一个有趣之处，核碎片的运动轨迹仿佛总是三个一组（照片中有两组这样的运动轨迹，我们用箭头标出了其中一组），其原因在于，质子击中硼原子核之后，硼原子核会按照三等分的方式分裂[①]。

照片Ⅲ A向我们展示了高速运动的氘（dāo）核（重氢原子核，由1个质子和1个中子组成）与靶目标上的其他氘核相撞的情形[②]。图中较长的是质子的运动轨迹，较短的则是氚（chuān）核的运动轨迹。

中子和质子一样，也是原子核的基本构成元素，所以没有中子核反应照片的云室相册是不完整的。

不过，在云室相册中找寻中子的踪迹注定不会有收获，这是因为中子呈电中性，其穿过物质时不会发生电离反应。可是，若你眼见猎人冒烟的枪口和从天而落的鸭子，那么你就会明白，就算未曾看见，也必然曾有一颗子弹飞过。同理，当你翻云室相册，发现照片Ⅲ C显示，1个氮原子核分裂成了1个氦核（轨迹向下）和1个硼核（轨迹向下），你就会知

① 该反应式为：${}_5B^{11}+{}_1H^1 \rightarrow {}_2He^4+{}_2He^4+{}_2He^4$。——作者注

② 反应式为：${}_1H^2+{}_1H^2 \rightarrow {}_1H^4+{}_1H^1$。——作者注

道，它必然受到了来自左侧的某个肉眼无法识别的粒子的撞击。其实，要拍摄出这样的照片，需要把镭和铍的混合物放在云室的左侧壁上，它们会释放出高速运动的中子[①]。

将中子源位置和氮原子分裂的位置用线相连，就会得到云室内中子的直线运动轨迹。

由包基尔德、布罗斯特伦和劳里森拍摄的照片Ⅳ，向我们展示了铀原子核的裂变过程；照片中涂在薄铝箔上的铀层裂变产生了两块反方向飞散的碎片。当然，照片中既看不到裂变而出的中子，也看不到引发裂变的中子。用加速粒子撞击原子核可以引发各种各样的核反应，不过是时候将目光转向一个更加重要的问题了，那就是，这种核撞击的效率问题。需要注意的是，照片Ⅲ和照片Ⅳ展示的不过是单个原子的分裂情况，并且，若要将 1 克硼全部转化为氦，就需要击碎其含有的 55,000,000,000,000,000,000,000 个原子。现在，最强大的电子

---

① 此过程可表示为如下反应式：(a)中子的产生：$_4Be^9+_2He^4$（来自镭的 α 粒子）$\rightarrow {}_6C^{12}+{}_0n^1$；

(b)中子撞击氮原子核：$_7N^{14}+_0n^1 \rightarrow {}_5B^{11}+{}_2He^4$。——作者注

加速器产生粒子的速度是每秒 1,000,000,000,000,000 个，因而，就算每个粒子“弹无虚发”地击碎一个硼原子核，要完成这一目标，也需要加速器无休无止地运转 5500 万秒，约两年时间。

但是，各种加速器制造带电粒子的效率要远远低于这一数值，且粒子击中靶目标引发核裂变的概率大约是几千分之一。原子轰击之所以如此低效，原因在于原子核被电子层包裹，带电粒子在原子核内的运动速度会因电子层的存在而降低。因为包裹原子核的电子层所占空间比原子核所占空间大得多，我们的粒子又无法直接瞄准原子核，所以任何一个入射粒子都要先穿透众多电子层才能获得直接击中一个原子核的机会。图 72 形象地向我们展示了这一情况，图中黑色实心圆点代表原子核，浅色斜线阴影代表电子层。原子与原子核的直径比

对撞机：一种在高能同步加速器基础上发展起来的装置，主要作用是积累并加速相继由前级加速器注入的两束粒子流，使其在相向运动状态下进行对撞，以产生足够高的相互作用反应率，从而便于测量。对撞机是测量高能粒子实验的仪器，目的是要发现新粒子。

大约是 10，000 ：1，二者靶标区域的面积比约为 100，000，000 ：1。就另一角度而言，已知带电粒子每在电子层中穿过一次损失的能量约为总能量的 0.01 %，所以，当其穿过次数达到 10，000 次时，就会停止前进。根据以上数字，很容易计算得出，高速粒子在能量消耗殆尽前击中原子核的概率约为 1/100，00。考虑到带电粒子引发原子核裂变的极低效率，我们发现，一台现代原子对撞机需要持续运转两万年以上，才能把 1 克硼全部转化成氮！

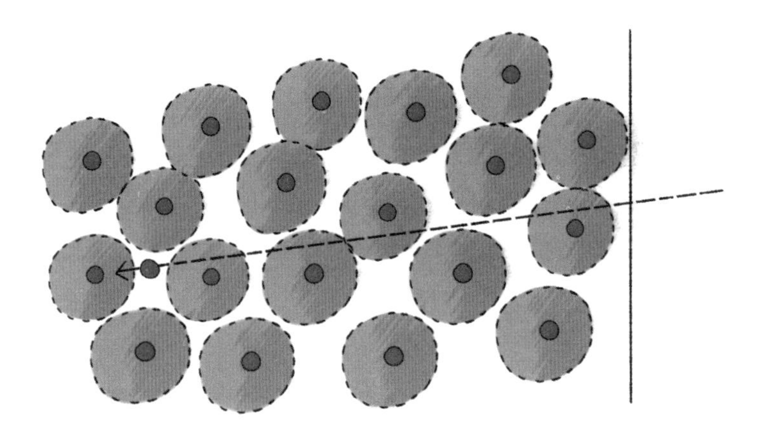

图 72

四、核子学

“核子学”这一术语其实并不恰当，不过，就如许多这类词汇一样，它确有实际应用价值，并且我们也找不到比此更贴切的词语。既然“电子学”这一术语是对自由电子束应用这一广阔领域知识的概括，那么“核子学”这一术语就是对大规模核能释放相关应用科学的概括。正如我们在前几节介绍过的，除银元素之外的各种化学元素的原子核都蕴含着大量内能，较轻元素的核聚变或者较重元素的核裂变过程都能释放其能量。我们还明白了，尽管对于核反应的理论研究来说，人工加速带电粒子对原子核进行轰击是十分重要的方法，但是仍旧不能将其大规模应用于实践当中，因为它的效率实在是太低了！

α 粒子、质子等一般粒子带有电荷，在其穿过原子的时候会有能量耗损，以至于它们没有办法靠近轰击的带电原子，这是它们效率低下的根本原因。那么你肯定会顺理成章地觉得，若要取得较好结果，可以将轰击粒子换成呈电中性的中子。于是，新的问题出现了——自然界中不存在自由中子，因为它们可以轻而易举地穿透原子，所以就算某原子核因为受到入射粒子的轰击而释放出中子〔比如，用 α 粒子轰击铍（pí）元素的原子核，就会产生中子〕，它也会很快被周围的其他原子核俘获。

所以，只有设法将某种元素原子核中的中子全部释放出来，才能制造出强大到足以轰击原子核的中子束。这样一来，我们的问题再一次回到了低效带电粒子上。

不过，真有一种办法能让这种恶性循环终止。若是能用中子轰击出中子，且轰击出的中子数大于原始中子数，那么中子的数量变化就会像图 97 所示的兔子繁衍或者像被感染组织中的细菌繁衍一样。如此一来，在极短时间内，一个中子就能产生大量后代，足以使靶目标上的每一个原子核受到轰击。

这一能使中子以几何级数增殖的核反应的发现，造就了核物理学的空前繁荣，使其走出了以物质最本质特性为研究对象的肃穆的科学象牙塔，裹挟其进入了报纸头条、激烈政治讨论、工业和军事发展的喧嚣旋涡之中。1938 年末，哈恩和斯特拉斯曼发现了铀原子核的裂变过程。如今，铀原子核裂变会释放核能——其更常见的名字是“原子能”，已经是所有读书看报之人的常识了。不过，若你据此认为重核分裂为接近二等分的两部分这一裂变过程本身就能促使核反应的持续发生，那就大错特错了！其实，裂变产生的两个核碎块带有大量电荷（每块携带的电荷量约为铀原子核的 1/2），因此，它们根本没有办法靠近其他原子核。周围原子的电子层会迅速消耗这些碎片的原始能量，直到其停止运动，无法进一步裂变。

裂变过程对于可自行持续进行的核反应的重要意义在于，人们发现，任何一个原子核裂变产生的碎片，在其速度降为零之前，都会释放出一个中子（图 73）。

裂变过程中，重原子核会随着弹簧那样的剧烈振动分成两块碎片，因此才会产生这种特殊的余波。不过，这一振动的强度虽然可以促使某些粒子从核内分离出去，但并不足以使得裂变后的碎块发生一分为二的再次裂变。在统计角度，我们可以笼统地说每块碎片都能释放一个中子；其实，有时候一块碎片会释放两三个中子，有时候却一个都不会释放。

当然，振动的剧烈程度决定了释放出的中子的平均数量，而原始裂变中释放出的总能量决定了振动的剧烈程度。如前所述，随着原子核质量的增加，裂变时释放的能量也会增加，所以，在元素周期表中越靠后的元素，其裂变碎片产生的中子也越多。这样一来，金元素原子核裂变时（这个实验需要非常高的激发能量，因此还未实施），每个碎片平均产生的中子数量小于1；铀元素的原子核裂变时，每个碎片平均产生的中子数约为1（即每次裂变产生的中子数约为2）；那些如钚元素一样的更重元素（例如钚）的原子核裂变时，每个碎片平均产生的中子数大于1。

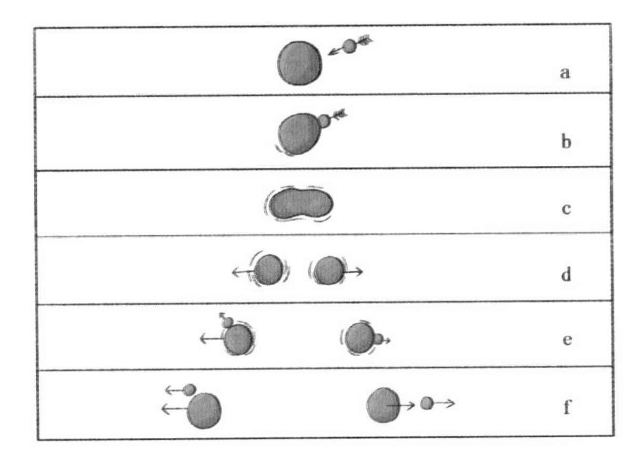

图73 裂变的各个阶段

若是入射中子的数量为100个，产生的子代中子大于100个，那么才能实现中子的自发增殖。这一条件能否满足，由原子核裂变释放中子的相对效率决定，也就是说由每次裂变平均释放的中子数量决定。需要注意的是，虽然对原子核的轰击效率，中子远高于带电粒子，但其效率并非100%。其实，永远存在高速中子进入原子核后只传递部分动能，携带剩余能量逃跑的可能。这样一来，中子蕴含的能量会传递给数个原子核，以至于每个原子核都无法获得足够的能量进而发生裂变。

根据原子核结构的一般理论，我们可以得出如下结论：随着元素原子量的增大，其裂变效率不断提高，所以，位于元素周期表末尾的元素，裂变效率非常接近100%。

接下来，我们以两组数据计算，来说明中子增殖的理想条件和不理想条件。①假设某种高速中子的裂变效率为35%，每次裂变释放的平均中子数为1.6[①]。那么，100个原始中子引发的裂变次数为35次，产生的子代中子数量为35×1.6=56(个)。显然，在这种情况下，子代中子的数量大

① 以上数字并不代表实际存在的某种元素，纯粹是为了举例。——作者注

约只占上代中子数量的 1/2，所以，中子数量将会迅速减少。②假设某种较重元素，其裂变效率为 65%，每次裂变释放的平均中子数为 2.2。那么，100 个原始中子引发的裂变次数为 65 次，产生的子代中子数量为 65×2.2=143(个)。显然，这种情况下，子代中子数量比上代增加了大约 1/2，所以，中子数量将会在短时间内迅速增加，足以轰击分裂样品中的所有原子核。我们将上述过程称为持续性分支链式反应，将发生此种反应的物质称为可裂变物质。

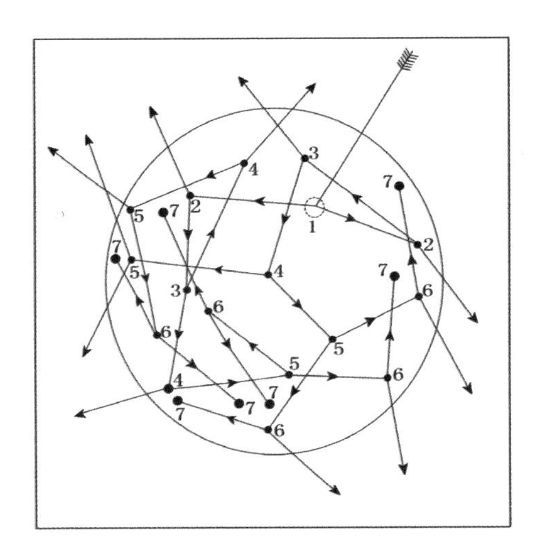

图 74　一个自由中子在球形裂变物质中引起的链式反应。穿过球体表面时，尽管许多中子被吸收，但是子代中子数总是多于上代，最终会引发爆炸。

自然界中，只有一种元素拥有能够发生这种反应的原子核，这是科学家对持续性分支链式反应的必要条件进行认真的实验及理论研究之后得出的结论。这种自然界唯一一种可以发生天然裂变的物质，就是铀235——铀的著名轻同位素。

不过，自然界中没有单独存在的铀235，它总是和大量的非可裂变的铀的重同位素铀238混合存在（铀235的占比为7%，铀238的占比为99.3%）。这种存在形式对天然铀的持续性链式反应造成了阻碍，就如同水分对潮湿木头的燃烧造成阻碍一样。其实，正是得益于和不活泼的同位素混合存在，自然界中才会存在高裂变性的铀235，若非如此，它们早就在快速的链式反应之下消耗殆尽了。所以，只有将铀235与较重的铀238相分离，或者在不分离的情况下，通过某种方法消除铀238的干扰作用，才能对铀235的能量加以利用。其实，人类利用原子能时，两种方法都曾尝试过，也都获得了成功。本书并不打算详细介绍这类技术问题，因此只做一些简短的讨论①。

① 若想了解此类知识的详细内容，读者可以参阅1947年问世的塞利格·赫克特（Selig Hecht）的著作《解释原子》。这本书也被收录在了尤金·拉比诺维奇博士（Dr.Eugene Rabinowitch）修订、扩充的新版《探索者》精装丛书之中。——作者注

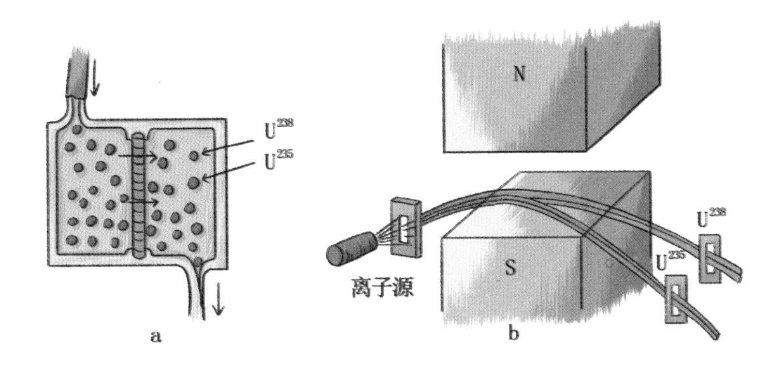

图 75

a. 用扩散法分离同位素。将两种同位素的气体混合物泵入左侧云室，气体会穿过中间的隔板向右侧扩散。因为较轻的分子扩散速度较快，所以铀 235 会富集到云室右侧。

b. 用磁场法分离同位素。原子束穿过强磁场时，两种同位素的偏转角度不同，质量较轻的分子拥有更大的偏转角度。宽缝可以保证原子束的强度，也会使得铀 235 和铀 238 这两道原子束发生部分重叠。所以说，采用这种方法，同位素分离得不够彻底。

由于二者拥有完全相同的化学性质，所以无法采用普通的化工方法将二者分离开来；直接分离这两种同位素，存在诸多技术困难。铀 238 比铀 235 重 1.3% 这一质量差异，是二者的唯一区别。不过，这一区别为我们采用扩散法、离心法或离子束电磁场偏转法等利用质量分离原子的方法对其进行分离成为可能。图 75a 和图 75b 是两种主要分离方法的示意图和简要描述。

不过，上述方法有一个相同的缺点，那就是，因为二者质量过于接近，所以分离过程不能一次到位，要想提高较轻同位素的纯度，只能不断重复分离过程。只要分离过程重复足够多的次数，最终就能得到纯度较高的铀 235。

还有一种更为巧妙的办法，是利用所谓的减速剂，人工减轻较重同位素的干扰作用，以使天然铀进行链式反应。谨记以下内容，可以帮助我们理解这种方法：较重铀同位素会对链式反应造成阻碍的根本原因在于其会吸收铀 235 裂变释放的大部分中子，使得次级链式反应的发生概率降低。所以，要想解决这一问题，保证裂变的正常进行，只需采取措施，阻止铀 238 的原子核绑架中子，使其能够顺利撞击铀 235 的原子核即可。因为铀 238 核的数量是铀 235 核的数量的 140 倍，所以乍看之下，似乎不可能阻止铀 238 核绑架中子。

不过，我们知道，铀的两种同位素对以不同速度运行的中子具有不同的“俘获能力”。这两种同位素捕获裂变产生的快速运行的中子的能力不相上下，所以铀 235 与铀 238 捕获的中子数量比为 1:140；但是，面对运行速度中等的中子时，铀 238 的捕获能力仅仅略强于铀 235；更重要的是，面对运行速度极其缓慢的中子时，铀 235 的捕获能力要比铀 238 强得多。也就是说，若我们能在裂变制造的中子碰到第一个铀原子核（238 或 235）之前就使它的速度降低到很低的水平，那么，尽管铀 235 的占比很低，也会比铀 238 拥有更多捕获中子的机会。

要实现这一目的，我们可以把大量天然铀的小颗粒放入某些物质（减速剂）之中。这种物质可以在不捕获太多中子的情况下，起到降低中子速度的作用。重水、碳和铍盐都是非常理想的减速剂。图 76 向我们展示了散布于减速剂之中的铀粒反应“堆”的工作原理[1]。

---

① 铀反应堆的详细情况可参阅关于原子能的著作。——作者注

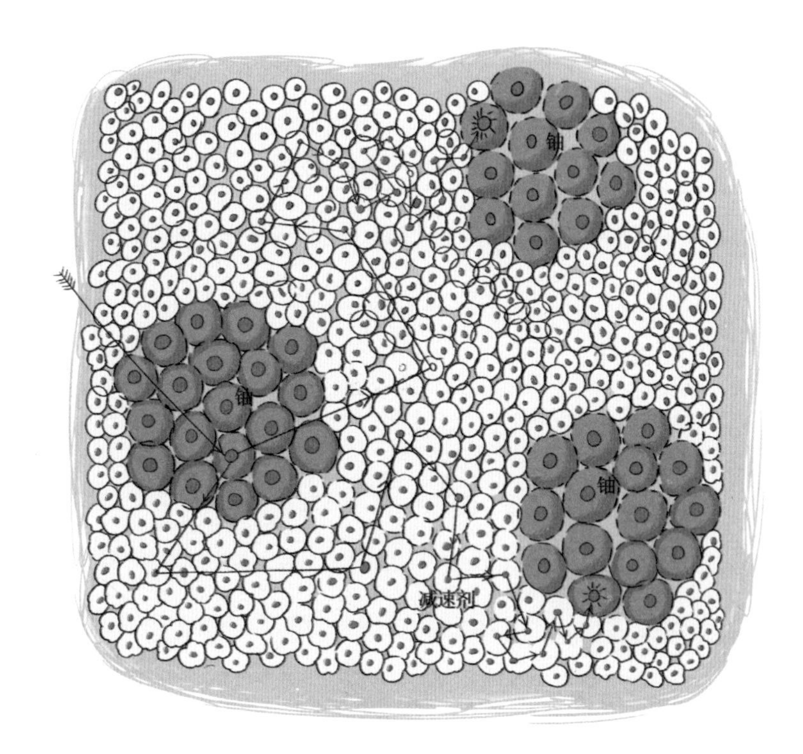

图 76 这张仿若生物细胞的图片向我们展示了分布在减速剂（小原子）中的铀原子（大原子）。左侧铀原子裂变释放出的两个中子进入减速剂，在与原子核的一系列碰撞中速度不断减缓。所以，当它们抵达另一团铀原子身旁时，速度已经十分缓慢了，此时铀 235 原子核对它们的俘获效率要远远高于铀 238。

如上所述，能够进行持续性链式反应并因此大量释放核能的天然裂变元素，轻同位素铀 235（天然铀中的占比仅为 0.7％）是独一份的！但是，这并不代表，我们无法人工制造出自然界中不存在的、与铀 235 性质相似的其他元素。其实，利用裂变元素进行持续性链式反应释放出的大量中子，可以将一般情况下无法裂变的元素转化为可裂变元素。

在上述天然铀与减速剂组成的“核反应堆”中，藏着这类过程的首个案例。我们已知，在减速剂的帮助下，铀 238 原子核捕获中子的能力大幅降低，因此铀 235 才能发生持续性的链式反应。不过，还是有些中子无法逃脱铀 238 的“魔爪”，这会引发何种后果呢？

当然，铀 238 捕获中子导致的最直接的后果就是，它会转化为更重的同位素铀 239。不过，科学家发现，这种新形成的原子核不太稳定，它在释放出两个电子以后，就变成了一种原子序数为 94 的全新元素的原子核。这种全新的人造元素被命名为钚（Pu-239），其拥有比铀 235 更强的裂变能力。若我们将铀 238 替换为另一种天然的放射性元素钍（Th-

232），它也会在捕获 1 个中子及释放 2 个电子以后，变成另外一种名为铀 233 的人造可裂变元素。

如此一来，从理论上来说，以天然的可裂变元素铀 235 为起点，循环进行上述反应，很有可能把全部天然铀和钍转化成可裂变元素，因此获得高纯度的核能原料。

在这一节即将结束的时候，我们可以对人类能够用于未来和平发展或自我毁灭的能量总和进行一下粗略估算。根据估算，目前已知的铀矿中的铀 235 若全部转化成核能，可满足世界工业的数年需求。不过，若是考虑到把铀 238 变成钚这一因素，能够满足人类需求的时间将会延长为数个世纪。若再考虑到把钍（它的蕴藏量 4 倍于铀的蕴藏量）变成铀 233 这一因素，那么保守估计，这个时间将会延长到一两千年。如此充裕的时间，我们对“未来原子能短缺”的全部忧虑都可消解了。

退一万步说，就算我们将全部核能用得一干二净，且未能发现新的铀矿或钍矿，我们的后代仍然能从普通岩石之中获取核能。其实，几乎全部普通物质当中都有少量的铀元素和钍元素，这一点和其他任何普通元素没有区别。例如，1吨普通的花岗岩中，铀和钍的含量分别为 4 克和 12 克。乍看上去，这是一个很低的含量，不过，我们可以先计算一番再下结论。已知 1 千克裂变物质蕴含的核能与 2 万吨 TNT 炸药爆炸释放的能量相当，也可以说与 2 万吨汽油燃烧产生的热量相当。所以，若将 1 吨花岗岩中含有的 16 克铀元素及钍元素全部转化为可裂变物质，其能量和 320 吨普通燃料相当。这足以补偿复杂分离过程带来的全部麻烦，尤其是当我们的富矿资源即将耗尽之时。

物理学家们在成功破解铀之类的重元素核裂变过程中的能量释放难题之后，就开始着手对其相反过程——“核聚变”进行研究。核聚变是两个轻元素的原子核聚合为一个较重原子核的过程，这个过程会释放出大量能量。在第十一章中我们即将看到，太阳的能量就来自核聚变，在此过程中，伴随着太阳内部剧烈的热碰撞，普通的氢原子核聚合为较重的氦原子核。重氢，又名氘，只在普通的水中有少量存在，是复制此种热核反应，使之造福人类的最理想的原材料。1 个质子和 1 个中子就构成了重氢的原子核。若两个氘核相碰撞，发生的反应必为下述两种反应之一：

氘核 + 氘核→ $_{2}He^{3}$+ 中子；

氘核 + 氘核→ $_{1}H^{3}$+ 质子。

只有在数亿摄氏度的高温之下，氘才能完成上述转变。

人类成功制造的首个核聚变装置是氢弹，原子弹爆炸会引发氢弹中的重氢聚变反应。不过，比发明氢弹更加复杂的一个问题是如何制造可控热核反应，解决这一问题可以为人类和平发展提供大量能源。怎样约束极热气体，是制造可控热核反应面临的主要困难。要解决这一难题，可以借助强磁场将氘核气体限制在中心高温区域，避免其因为接触容器壁而融化、蒸发。

第8章　无序定律

一、热的无序性

当你向杯子中倒些水，你会发现水清澈均匀，十分平静（当然，这是在没有摇晃杯子的前提下）。但实际上，水分子并不是静止的，如果你将水放大几百倍进行观察，就会发现，水是由大量分子组合而成的颗粒结构，这些分子彼此紧密排列并相互推搡，好像一群情绪激动的年轻人。追根究底，物质呈现热现象，就是因为其内部的分子（比如水中是水分子）都在不停地进行着这种不规则的热运动。

我们人类无法靠肉眼识别到这些分子以及分子自身的运动，但是这些分子的运动能够对我们人体的精神纤维产生刺激，让我们产生热的感觉，进而了解到热运动。一般来说，物体越小，热运动越明显，比如悬浮在水中的小细菌比人小很多，它们的热运动也会比人类明显很多。物质分子的热运动对这些小生物的作用十分明显，它们不停地推搡、挤压这些小生物，这种有趣的现象就是布朗运动(图 77)。一个多世纪以前，英国的植物学罗伯特·布朗在研究植物孢子时，最早发现这种现象，所以人们将这种现象命名为“布朗运动”。布朗运动广泛存在于自然界中，当液体表面漂浮足够小的粒子，或者空气中飘浮着烟雾和灰尘粒子时，人们可以轻易地观察到这种现象。

孢子：脱离亲本后能直接或间接发育成新个体的生殖细胞。通过无性生殖产生的孢子叫“无性孢子”，通过有性生殖产生的孢子叫“有性孢子”。由营养细胞加厚细胞壁和积贮养料而能抵抗不良环境条件的孢子叫“厚垣孢子”等。

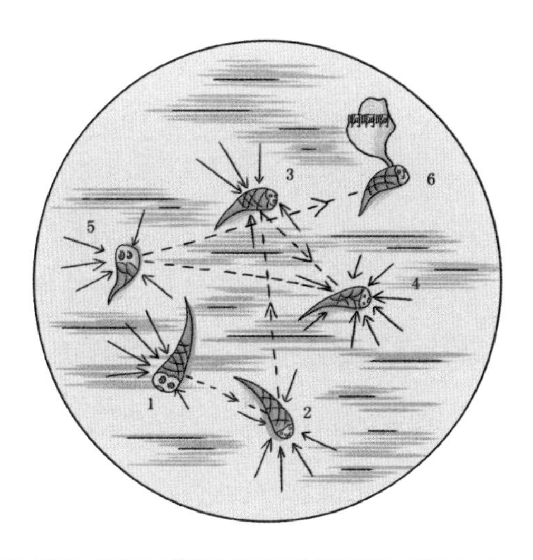

图 77　细菌在液体中受到分子的冲击，所以位置在不断变换，图中显示出了六个位置。（这是物理上的状态，与细菌学的观察现象存在差异。）

当我们对液体进行加热以后，就会发现悬浮在液体中的小粒子运动强度加剧，随着温度的降低，粒子又会逐渐趋于平和。我们所观察到的这种现象就是隐藏在物质内部的热运动效应。我们日常用来形容冷热的温度，就是一种用来反映分子运动程度的计量单位。研究发现，布朗运动与温度联系十分紧密，当温度降到 -273℃，即 -459°F 时，物质的热运动会完全停止，分子处于静止状态，人们把这个温度称为“绝对零度”。温度越低，分子运动越缓慢，由于不会存在比静止更缓慢的运动，所以分子静止时，温度最低！

当温度接近“绝对零度”时，分子的运动将变得十分缓慢，分子内部蕴含的能量也会非常小，分子在内聚力的作用下粘在一起，反映出来的现象，就是凝结成固体。固体内的分子时刻都在进行着轻微的颤动。随着温度的升高，分子蕴含的能量变强，运动加剧，当温度到达某一刻度，分子运动的能量能够突破分子间内聚力的束缚，获得一定程度的自由活动空间，这时的物体就会表现出液体的形态，这个过程称为“溶解”。物质溶解的温度取决于作用在分子上的内聚力的强度。以氢气或者是空气中的氮氧混合物为例，它们所需的溶解温度就很低，因为这些气体分子内聚力很弱，分子可以很容易从凝结状态挣脱出来，氢气的溶解温度是14°K（即-259℃），氧在55°K（即-218℃）以下才能保持固体状态，同样，氮固体需要保持在64°K（-209℃）以下。换句话说，物质内部分子的分子间内聚力越强，它们能够保持固体的温度就越高。例如，纯酒精能够在保持-130℃时保持固体形态；固态水，也就是冰，只要温度不高于0℃，就不会融化。还有很多物质，在温度很高的情况下，依然能够以固态形式存在，比如铅的熔化温度是 +327℃，而铁的熔化温度是 +1535℃，稀有金属锇的熔化温度更高，能够在 +2700℃的情况下，依然保持固体。这些物质虽然表现出固体的形态，但物质内部同样存在剧烈的分子热运动。实际上，根据热运动的基本定律，当温度相同时，不同物质的内部分子所蕴含的能量相同，与物质所表现出来的固体、液体或是气体的形态无关。物质形态的差别主要取决于分子能量是否能够突破分子间内聚力的作用，气体状态下，分子可以自由运动；液体状态下，分子可以在一定空间内滑动；固体状态下，分子只能原地颤动，就像愤怒的狗被绑在短链子上一样。

在 X 光照片中，我们可以清晰地看到固体分子的热颤动或者热振动。我们都知道拍摄照片需要一定的时间，在曝光的这段时间内，被拍摄对象应该保持静止状态，否则画面就会特别模糊，就像照片 I 呈现出来的效果。为了获得清晰的分子排列图片，在拍摄期间内，我们需要让分子保持在固定位置，因此，我们会采用将物质浸入液态空气的方式让晶格保持冷却。与之对应的是，如果加热被拍摄对象，晶格温度越高，照片就会越模糊，如果加热温度达到物质熔点，分子就会离开原本的位置，开始在熔解的物质中自由运动，这样拍出来的晶体图样就会完全消失。

固体物质发生熔化时，分子就会脱离原本的晶格位置，但是活动范围有限，并不会完全分散开来。但是，当温度不断升高，分子的能量就会不断增强，热运动越来越剧烈，直到完全脱离约束，向四周分散而去，这种情况下，物质已经变成了气体状态，如果四周没有容器壁遮挡，物质就会完全消失。不同固体物质熔化温度不同；同样地，不同液体的蒸发温度也不同。液体物质分子间的内聚力越强，液体的蒸发温度越高，反之，分子间内聚力越弱，物质越容易汽化。这一过程也受到液体外部压力大小的影响，当外部压力越强时，分子想要自由运动需要的能量就越高，也就是需要的温度越高。最常见的例子就是煮水，封闭水壶里的水比敞开的水壶里的水更容易煮沸，高山顶上的大气压低于山脚下，所以在山顶煮水时，温度不到 100℃，水就会沸腾。利用这一点，我们可以通过测量水沸腾时的温度，计算出所在地的大气压强，进而推算出所在地的海拔。

图 78

马克·吐温（1835—1910 年）：美国作家、演说家，“马克·吐温”原是密西西比河水手使用的一个术语，表示在航道上所测的水的深度。

马克·吐温曾经讲述过他利用温度推测海拔的故事。当时，马克·吐温直接将一支无液气压计放进了正在沸腾的豌豆汤里，大家千万不要模仿，因为这样做除了让汤的味道染上一股氧化铜的味道，并无法真正测量出任何关于海拔的数据。

物质的熔点越高，它的沸点相对就会越高。所以，液态氢的沸点是 −253℃，而液态氧的沸点是 −183℃，液态氮的沸点是 −196℃，酒精在 +78℃才会沸腾，铅和铁的沸点分别是 +1620℃和 +3000℃，锇的沸点能高达 +5300℃[①]。

当分子冲破固体晶体结构的束缚后，先是在一定空间内缓慢移动，就像蠕动的虫子，随后就会像受到惊吓的鸟儿一样飞向四面八方。不过，分子向四周扩散并不是物质的最终状态，这种状态并不是热运动破坏力的极限。如果温度继续升高，分子自身就会受到威胁，产生“热解离”现象，这个

① 以上数值为相应物质在标准大气压下的沸点。——作者注

时候，分子在热运动作用下相互碰撞，分子被迫分裂成单个原子。热解离的过程取决于分子自身的强度。当温度达到几百摄氏度时，有些有机物质的分子就会分裂成单个原子或原子团。但是自然界中也存在着相对更稳定的分子，比如水分子，当温度到达一千多摄氏度时水分子才会出现分裂。不过，当温度达到好几千摄氏度时，分子就会消失，物质就会以纯化学元素组成的气态混合物形式存在。

太阳表面的温度高达 6000℃，所以太阳表面的物质都是以纯化学元素组成的气态混合物形式存在。另一方面，红巨星[1]表面的温度相对较低，所以有一些分子能够幸存下来，我们可以利用光谱分析法，分析观察到它们。

高温下的热运动不仅能够使分子分解成原子，甚至还会破坏原子的外层电子，给原子本身造成伤害。如果温度升高到几万摄氏度甚至几十万摄氏度时，这种热电离就变得特别明显。我们在实验室中很难或者根本无法达到这么高的温度，但是在恒星内部，尤其是在太阳内部，这样的高温很常

① 详见第十一章。——作者注

见。这样的极限高温下，原子也无法幸存，它的外层电子会被剥离，物质最终以裸核和自由电子的混合物的形式存在并以巨大的能量相互碰撞。虽然原子结构已经被破坏，但是原子核依旧完整，所以物质仍能表现出原本的化学性质。当温度降低，原子核就会重新捕获电子，再次构成完整的原子。

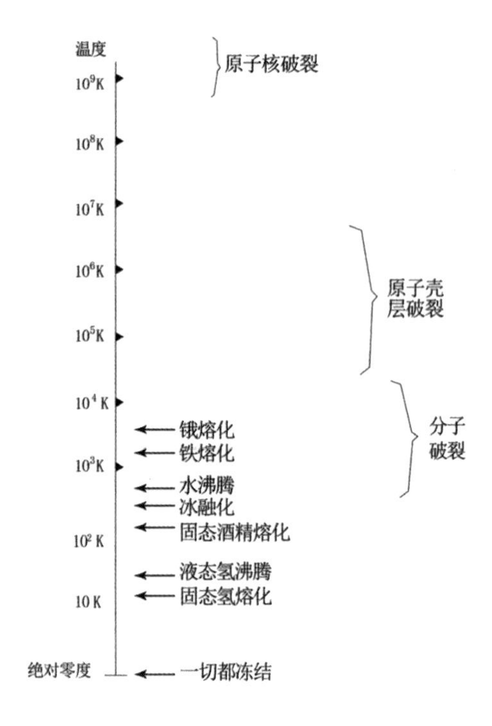

图 79 温度的破坏能力

当温度达到几十亿摄氏度时，原子核才会分离成独立的核子（质子和中子），物质才真正达到了完全的“热离解”，不过就连最炽热的恒星内部也无法达到这个温度。但是，我们将会在本书最后一章探讨宇宙时发现，在几十亿年前，年轻的宇宙中很可能存在这样的高温。

讲了这么多，我们可以发现，基于量子定律建立起来的宏伟大厦，会在热运动的作用下逐渐被瓦解，最终变成一堆不守规矩、乱闯乱撞、杂乱无章的粒子。

二、如何描述无序运动呢?

如果我们因此认为热运动是一种无法用物理原理描述的无规则乱动，那就错得太离谱了。事实上热运动的无序运动恰好符合另一种物理定律，那就是“无序定律”，也称为“统计定律”。我们采用一个简单的“醉汉走路”的例子来解释一下这种规律。假设有一个醉汉靠在城市广场中央的一个灯柱上（我们不用考虑他是怎么到达那里的），接着醉汉开始在广场上乱晃，他先是朝一个方向走了几步，然后转了个方向继续往前走，就这样一直来来回回乱走，走几步就转换一个方向，连他自己也不知道下一步会向哪个方向走（图 80）。如果就随他这样不规则地走下去，换了一千次方向以后，他会在哪里呢？与灯柱的距离是多少呢？刚开始，人们肯定认为这样一个醉鬼晃来晃去，根本没有办法测量距离。可是，仔细想想，我们就会发现虽然醉汉的路径无法判断，但是最可能的距离却是可以预测出来的。为了让我们的解释更加科学可信，我们采用建立坐标轴的数学方法来解释。首先，我们在地面上建立以灯柱为原点，朝向我们的方向为 X 轴，指向右边的方向为 Y 轴的坐标轴。设醉汉在走完第 N 段后（图 80 中 N 为 14），距离灯柱的距离为 R；XN 和 YN 代表第 N 段路程在坐标轴上的投影，利用勾股定理可以得出下列式子：

$$R^2=(X_1+X_2+X_3\cdots+X_n)^2+(Y_1+Y_2+Y_3+\cdots Y_n)^2$$

X 和 Y 的正负取决于醉汉在第 N 段路程的方向，是朝向灯柱，或背离灯柱。因为醉鬼的运动毫无规律，所以 X 和 Y 的正负基本相等。接下来，我们按照代数的基本规则展开计算，括号内各项的平方值等于括号里的每一项乘以它自身再乘以括号里其他的每一项。

图 80　醉汉走路

因此：

$$(X_1+X_2+X_3+\cdots X_n)^2$$

$$=(X_1+X_2+X_3+\cdots X_n)(X_1+X_2+X_3+\cdots X_n)$$

$$=X_1^2+X_1X_2+X_1X_3+\cdots X_2^2+X_1X_2+\cdots X_n^2$$

这个式子包含所有X的平方项（X_1^2，$X_2^2\cdots X_n^2$），以及所谓的混和积，像X_1X_2、X_2X_3等等。

前面只是一些简单的数学计算，接下来就要运用统计学的知识了，这一切都是基于醉汉走路的无序性。因为运动的随机性，所以朝向灯柱行走和背向灯柱行走的可能性是相同的，也就是X取正值和负值的可能性都是50%。因此，在查看“混合积”时，我们就会发现有很多对数的数值相同但是符号相反，可以相互抵消；而且N的值越大，也就是醉汉走的段数越多，这种数值相互抵消的可能性越大。另外，因为任何非零数值的平方都是正数，所以剩下的数值就是各个X的平方项。因此，式子可简化为：

$$X_1^2+X_2^2+\cdots+X_n^2=NX^2,$$

上式中的X代表的是每段路程在X轴上的投影的平均值。

Y的处理方式相同，所以Y轴上式子简化为NY^2，Y是Y轴上的投影的平均值。请注意，我们刚才所进行的计算，借助了统计学原理中无序运动的特性，将“混合积”相互抵消，严格来说，这并不属于代数运算。现在，我们可以用下方的式子来表示醉汉离灯柱最可能的距离：

$$R^2: N(X^2+Y^2)$$

或

$$R=\sqrt{N}\cdot\sqrt{X^2+Y^2}$$

由于所有路程都是以45°的角度投影到坐标轴上，根据勾股定理，各段路程的平均长度就是$\sqrt{X^2+Y^2}$。如果用1表示平均长度，那么：

$$R=1\cdot\sqrt{N}$$

这个结果表示，如果醉汉随机转换方向，那么他与灯柱的距离就等于他所走各段路程的平均长度乘以段数的平方根。

也就是说，假设醉汉每走一码就换一个前进方向（转向是随机的），那么当他走了一百码之后，他与灯柱的距离最可能是十码。如果醉汉一直向着一个方向前进，那么当他走了一百码之后，他与灯柱的距离将会是一百码——因此，人在清醒的时候走路比喝醉时的优势大得多。

我们借助上述例子，是想揭示统计规律本质，我们所论证的不是某一种情况下的确切结论，而是探索这种运动下的最可能结果。最不可能的结果就是这位醉汉沿着直线离灯柱越来越远，这个时候的距离是最远的。还有一种可能性，这位醉汉每走一段路程就掉转 180 度，如果这样运动，每掉转两次，他就会返回灯柱处。我们假设有一群醉汉从同一根灯柱出发，互不干涉，运动足够长的时间之后，我们就会发现他们分散在灯柱周围，接下来我们就可以利用上述方法计算出他们与灯柱的距离。如果有六名醉汉，那么他们的分布情况就会如图 81 所示。当然，参与这次实验的醉汉越多，每个醉汉转过的弯越多，结果就越符合这条规律。

图 81　六名醉汉走在灯柱周围的统计分布

现在，我们已经了解了这条规律，让我们把醉汉换成那些悬浮在液体中的小颗粒，比如植物孢子或细菌，通过显微镜观察，我们就能看到植物学家布朗曾经看到的那个场景。孢子和细菌并没有喝酒，但是它们周围都是进行疯狂热运动的分子，它们位于其中，只能被迫地走来走去，就像在酒精的作用下失去自控能力的人一样。

如果你集中精力通过显微镜观察水滴中某一组进行布朗运动的粒子，你会发现原本集中在某一个小区域内的小颗粒（这个小区域就相当于灯柱），经过一定的时间，逐渐分散到整个视野当中，而它们与原来位置的平均距离和时间间隔的平方根成正比，恰好符合我们计算的醉汉与灯柱距离的公式。

当然，水滴中的每一个单独分子的运动规律都符合这一定律，但是我们无法观察到单个分子，即使能够观察到也无法区分这些分子。如果想要观察这项运动，我们可以选取两种分子，通过分子自身的差异（比如颜色）进行区分。我们可以首先向化学试管中加入高锰酸钾溶液，这时候试管中的液体会呈现出漂亮的紫色。接着我们向试管中缓慢加入一些清水。注意，加水的时候不要让两者混合。接下来就耐心观察，一开始紫色的溶液会逐渐渗入上层清水中，足够长的时间后，试管中的所有溶液都变成了均匀的紫色。相信大家都很熟悉这种现象，这就是我们所说的扩散，这种现象出现的原因是有色染料的分子在水分子间进行不规则的热运动。我们可以把高锰酸钾分子想象成一群喝多的小醉汉，它们被周围分子撞来撞去。与气体分子相比，水分子的排列十分紧密，所以在两次连续的碰撞之间，水分子的运动距离很短，大约只有亿分之一英寸。而且，在室温下，分子的运动速度大约是每秒 1/10 英里，而分子之间每万亿分之一秒就会发生一次碰撞。换句话说，有色染料分子每一秒钟，将转变大约一万亿次方向。那么，分子在第一秒内所走的平均距离将是亿分之一英寸（平均自由程的长度）乘以一万亿的平方根。因此，分子平均每秒只能扩散 1% 英寸；我们假设它不受周围分子的碰撞，一直朝同一个方向运动，那么 1 秒钟之内，分子能到达距离出发点 1/10 英里的地方，这个过程可以说十分缓慢。如果经过 100 秒，那么分子将会运动到 10 倍

（$\sqrt{100}=10$）远的地方；1 万秒后，也就是 3 小时的时间之后，染料分子将会到达 100 倍远的地方，大概就是 1 英寸的距离。所以说，扩散是一个相当缓慢的过程。向茶杯里加入一块糖，需要很长的时间，糖分子才能够扩散到整杯水中，所以加入糖以后，最好搅拌一下。

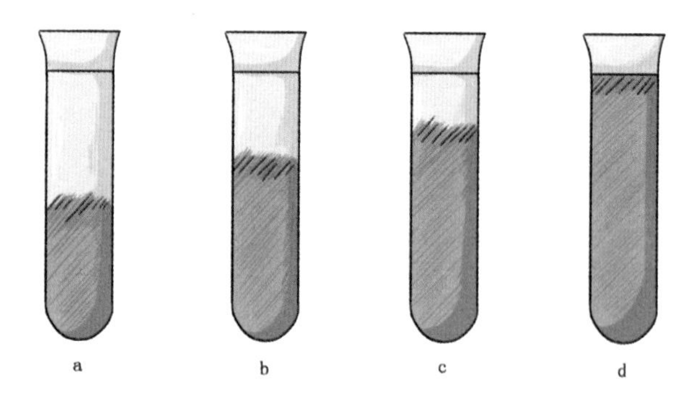

图 82

扩散是分子物理学中最重要的过程之一。我们将借助热量在铁棒上传导的例子，更加形象地解释扩散的原理。首先，请读者自己先思考一下热量的传导原理吧。根据经验，你应该知道热量从这一端传到另一端需要一定的时间，但是你可能不知道热量传导到金属棒另一端借助的是电子扩散。

的确，整个铁棒上都布满了电子，这是铁棒等这些金属物质的共同特征。金属与其他物质（比如玻璃）之间的区别，就在于原子分布，金属原子的外层电子脱离出来，像普通气体的粒子一样，在金属晶格内进行热运动。

金属原子的外层电子在金属晶格内自由移动，但是并不会脱离金属，这是因为电子会受到金属外表作用力的约束[①]，这时候，电子在金属内部的运动几乎是没有约束的。如果将金属物质放入电场当中，金属内部未附着的自由电子就会在电场力的作用下，沿着电场力的方向急速运动，产生电流。与之相反，非金属的原子的电子都被束缚在原子核周围，无法自由移动，因此非金属物质的绝缘性往往都比金属要好。

如果我们将金属棒的一头靠近火源，这个位置的金属中的自由电子将会进行激烈的热运动，高速运动的自由电子带着额外的热量快速运动到其他位置。这种扩散运动和上个例子中的染料分子运动相同，区别就是前者是染料分子扩散

① 随着温度的增加，金属内部的电子热运动就会变得越来越剧烈，到达一定程度以后，一些电子就会从金属表面逃出来。

到水分子中，后者是热电子气体扩散到冷电子气体分布的区域。同样，这个运动规律也吻合醉汉走路定律，也就是热量在金属棒上的传导距离随着相应时间的平方根增加。

最后，我们将用一个与宇宙有关的例子来解释扩散的原理，这个例子和我们以往讲过的完全不同。在接下来的章节中，我们会讲述太阳的能量的来源。这里先简单地说明一下，太阳的能量来源于化学元素的嬗变，以能量强辐射产生的“光粒子”，或者说光量子接下来会进行从太阳内部到太阳表面的漫长之旅。光每秒钟可以运动 300，000 公里，而太阳的半径是 700，000 公里，我们假设光量子一直沿直线运动，那么光量子从太阳内部到表面只需要 2 秒至 3 秒。但事实上，光量子从太阳内部到达表面需要 50 个世纪。这是因为太阳物质中存在大量的原子和电子，光量子在运动的过程中会与这些物质发生无数次碰撞。光量子在太阳内部的自由程大约是 1 厘米（这个距离远远大于分子的自由程），同时，太阳的半径是 70，000，000，000 厘米，所以光量子需要 $(7\times10^{10})^2$ 或 5×10^{21} 段路程才能达表面。光量子每经过一段自由程需要$\frac{1}{3\times10^{10}}$或 3×10^{-11}（秒），由此，我们可以计算出光量子完成整个旅程需要 $3\times10^{-11}\times5\times10^{21}=1.5\times10^{11}$ 秒，大约是 5000 年！我们可以更加清晰地体验到扩散真是一个缓慢的过程啊。虽然光从太阳的内部运动到表面需要 50 个世纪，但是只需要 8 分钟就可以从太阳到达地球，这是因为光在星际空间会一直沿直线运动！

三、计算概率

我们在探索分子运动规律时，会运用到很多概率统计定律，扩散只是其中一种。在探索生活的各种问题时，我们都会运用到概率规律，小到液滴，大到宇宙中恒星的热行为的“熵定律”，如果我们想要认识并了解这些东西，首先要学会计算简单或者复杂事件的概率。

熵：熵的概念是由德国物理学家克劳修斯在 1865 年提出，最初是用来描述“能量退化”的物质状态参数，后来被社会科学用以借喻人类社会某些状态的程度。

我们先探讨一个最简单的概率问

题——掷硬币。我们都知道掷出的硬币得到正面和反面的概率是一样的，当然，前提是没有人为干预。人们经常用 50 对 50 来形容获得正面或者反面的概率，数学上更常用“一半对一半”的概率说法。如果我们将获得正面和反面的概率相加，结果就是1（$\frac{1}{2}+\frac{1}{2}=1$）。在概率学中，整数 1 代表事情必然发生；实际情况也是如此，如果你投掷一枚硬币，结果不是正面朝上，就是反面朝上，当然，我们是排除了硬币滚到沙发底下消失不见的情况。

如果我们连续投掷两次硬币，或者同时投掷两枚，结果也是相同的。图 83 展示的就是可能产生的四种结果。

第一种情况：两枚硬币都正面朝上；第二种情况：一枚正面朝上，一枚反面朝上；第三种情况：一枚反面朝上，一枚正面朝上；第四种情况：两枚硬币都反面朝上。总结得到两枚正面朝上的概率是$\frac{1}{4}$，两枚反面朝上的概率是$\frac{1}{4}$，一正一反的概率是$\frac{2}{4}$，化简为$\frac{1}{2}$。将得到各种可能性的概率相加，得到结果为1（$\frac{1}{4}+\frac{1}{4}+\frac{1}{2}=1$），这意味着投掷两次硬币，肯定会得到其中一种结果。如果将一枚硬币投掷三次，结果会是怎样的呢？投掷三次总共会得到 8 种结果，分别是：

图 83 投掷两枚硬币的四种可能组合

	Ⅰ	Ⅱ	Ⅱ	Ⅲ	Ⅱ	Ⅲ	Ⅲ	Ⅳ
第一次	正	正	正	正	反	反	反	反
第二次	正	正	反	反	正	正	反	反
第三次	正	反	正	反	正	反	正	反

观察上述结果，我们会发现，得到三次正面朝上的概率是$\frac{1}{8}$，三次反面朝上的概率是$\frac{1}{8}$。得到两正一反的概率是$\frac{3}{8}$，得到两反一正的概率也是$\frac{3}{8}$。

随着投掷次数增加，得到的结果种类也越来越多，列举的篇幅越来越长，我们将投掷四次的结果罗列出来，可以得到 16 种可能性，如下表所示：

	Ⅰ	Ⅱ	Ⅱ	Ⅲ	Ⅱ	Ⅲ	Ⅲ	Ⅳ	Ⅱ	Ⅲ	Ⅲ	Ⅳ	Ⅲ	Ⅳ	Ⅳ	Ⅴ
第一次	正	正	正	正	正	正	正	正	反	反	反	反	反	反	反	反
第二次	正	正	正	正	反	反	反	反	正	正	正	正	反	反	反	反
第三次	正	正	反	反	正	正	反	反	正	正	反	反	正	正	反	反
第四次	正	反	正	反	正	反	正	反	正	反	正	反	正	反	正	反

统计可得，投掷四次硬币得到四次正面朝上的概率是 $\frac{1}{16}$，得到四次反面朝上的概率也是 $\frac{1}{16}$，得到三正一反的概率为 $\frac{4}{16}$，化简为 $\frac{1}{4}$，得到三反一正的概率同样是 $\frac{4}{16}$（$\frac{1}{4}$），得到两正两反的概率是 $\frac{6}{16}$，化简为 $\frac{3}{8}$。

如果保持投掷方式，不断增加投掷次数，得到的结果会越来越多，表格很快就会超出页面篇幅的范围。当次数增加到10次，就可能会产生1024种不同的可能(即：$2\times2\times2\times2\times2\times2\times2\times2\times2\times2$)。列举结果的方式很直观，但并不是得到结果的唯一方法，我们可以通过前面的试验结果，总结出概率的简单法则，接下来遇到复杂情况时，可以直接运用法则进行计算。

首先，我们可以发现得到两次正面朝上的概率恰好等于第一次正面朝上与第二次正面朝上概率的乘积，简单来说就是$\frac{1}{4}=\frac{1}{2}\times\frac{1}{2}$。连续三次或者四次正面朝上的概率也符合同样的规律，也就是每次正面朝上的概率的乘积。所以，当需要得到10次投掷全部正面朝上的概率时，可以直接通过计算$\frac{1}{2}$的10次方得到结果，也就是0.00098，这个数字代表连续10次投掷，正面全部朝上的结果很难实现，进行1000次试验，才可能出现1次。我们上面总结得出的就是“概率的乘法”法则：如果你想得到某几个单独的事件同时发生的概率，只要将每个单独事件发生的概率相乘，就能得到结果。如果每个单独事件发生的可能性都很低，那几件单独事件同时发生的可能性只会低到令人沮丧！

除此之外，还有一个“概率的加法”：如果你的目的是得到某一个结果，那么只需要将各个事件发生这种结果的可能性相加，就可以得到。

通过两次投掷硬币的例子很容易解释这条法则。如果你想得到一正一反的结果，而不关心先正后反，还是先反后正，那么只需要将先正后反和先反后正的概率相加，就可以得到任何一件事情发生的概率。每个事件发生的可能性为$\frac{1}{4}$，出现一正一反的概率为$\frac{1}{4}+\frac{1}{4}=\frac{1}{2}$。所以，当你想得到“某事，和某事，和某事，……”的同时发生概率时就将每件单独事件发生的概率相乘。如果想得到“某事，或某事，或某事”发生的概率，就把每个单独事件的概率相加。

在第一种情况中，你想要同时发生的事件越多，实现的可能性越小。在第二种情况中，由于是满足某一条件即可，所以单独事件越多，实现的可能性越大。

当处理的试验数据越多，试验结果越符合概率定律，投掷硬币就可以很好地验证这个结论。图 84 展示的是分别投掷 2 次、3 次、4 次、10 次和 100 次硬币时，正面、反面出现次数的相对比例。我们可以看出，随着试验次数的增多，概率曲线越来越陡峭，正面、反面出现的次数也越来越接近 50%。

如果只是投掷了 2 次、3 次，或者是 4 次，那么可能会出现每次都是正面或反面的结果。但是，投掷 10 次，每次都是正面或者反面的可能性基本不存在。当投掷次数增加到 100 次，甚至是 1000 次，概率曲线就会像针尖一样锋利，结果都是接近于 50 对 50 的概率，很难得到其他的答案。

现在，我们已经了解了概率计算的简单法，接下来，让我们进行一个有名的扑克牌游戏吧。我们要借助概率法则来判断五张牌出现的各种组合的可能性。

因为可能有读者不了解这个游戏，所以在开始之前，我们先简单介绍一下游戏规则：每个玩家需要抓五张牌，然后进行自由组合，牌面最大的玩家获胜。至于游戏中出现的换牌，或者是利用心理战术使对手放弃等特殊情况，不在考虑的范围内。虽然这种游戏实际上考验的就是心理战术。丹麦著名物理学家尼尔斯·玻尔就曾经以此为基础设计了一套全新的游戏。在他设计的游戏中，玩家不需要使用扑克牌，只需要通过虚拟牌面组合，用心理战术打败对方，当然，这个游戏已经完全超出了概率计算的范畴，成了单纯的心理学问题。

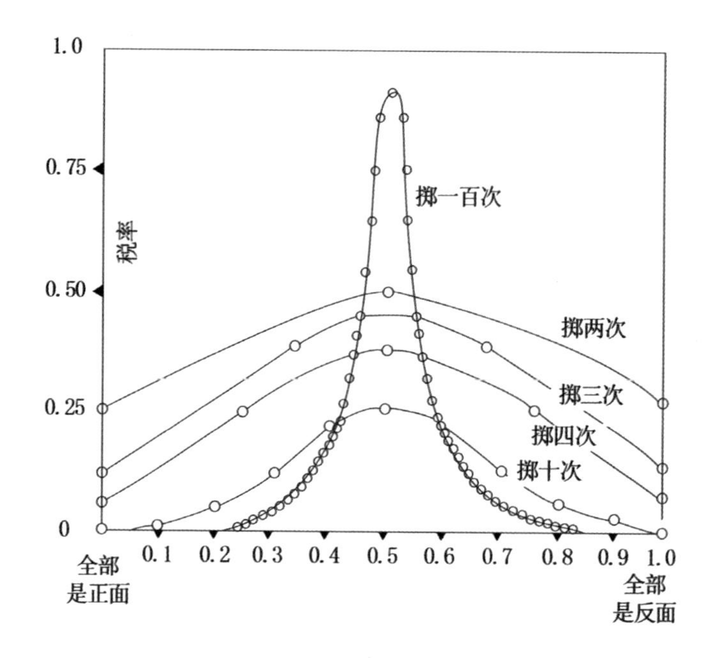

图 84 获得正、反面的相对次数

为了让新手们更了解这个游戏，首先让我们熟悉一下可能出现的牌面组合，计算出这种组合出现的概率。如果玩家手中的五张牌花色相同，就称这个组合为“同花”。(如图 85)

图 85 同花 (黑桃)

第一张牌的花色并不会影响到“同花”，只需要保证剩下四张牌的花色和第一张相同就可以了。每副牌有 52 张，每个花色 13 张[1]，因此，当你拿完第一张牌后，这副牌中还有 12 张同花色的牌，所以第二张牌花色与第一张牌相同的概率是

① 这是不考虑“大王和小王”的情况，大王、小王可以代替任何一种花色，需要单独考虑。——作者注

$\frac{12}{51}$。按照这种推理，我们可以得知第三张、第四张、第五张牌与第一张牌花色相同的概率分别是：$\frac{11}{50}$、$\frac{10}{49}$和$\frac{8}{49}$。我们需要五张牌同时出现一种花色，所以应该使用概率的乘法法则进行计算。因此，得到“同花”的概率是：

$$\frac{12}{51}\times\frac{11}{50}\times\frac{10}{49}\times\frac{9}{48}=\frac{13068}{5997600}\approx\frac{1}{500}$$

虽然概率是五百分之一，但是这并不代表玩五百次，就可以得到一次同花。这只是“同花”出现的可能性，很有可能玩几千次，一次同花也没有抓到，当然，也有可能第一次就摸到了一副同花。概率理论只是告诉你，在五百次摸牌中，可能有一次会出现同花。同理，如果借助概率理论计算 A 出现的概率，你会发现，在 30，000，000 盘游戏中，你有可能有 10 次全部拿到 A（包括大、小王）。

下面介绍一种更难出现也更有价值的牌面“三带二”，口头话就是“仨带俩”。牌面由两张相同点数和三张相同点数的牌组成，图 86 所展示的就是“仨带俩”：2 张 5 和 3 张 Q。

图 86 仨带俩

前两张牌的点数不会影响牌面，想要拿到这样的牌面，只需要在后三张牌中，有两张牌点数与其中一张点数相同，有一张牌点数与另一张点数相同就可以了。当你拿到前两张牌后，剩余的牌中还有 6 张牌符合要求，假如你最先拿到 1 张 Q 和 1 张 5，那么剩余牌中还有 3 张 Q 和 3 张 5 符合条件，所以第三张牌符合条件的概率是$\frac{6}{50}$，现在剩余牌中还有五张牌符合条件，第四张牌符合条件的概率是$\frac{5}{49}$，第五张牌符合条件的概率就是$\frac{4}{48}$。因此，想要拿到“仨带俩”的概率是：

$$\frac{6}{50}\times\frac{5}{49}\times\frac{4}{48}=\frac{120}{117600}$$

这个概率是拿到同花的概率的一半。

想要计算拿到其他概率的组合，比如说想拿到五张点数连续的“顺子”或者是计算大、小王和交换手牌对概率的影响，都可以用这个方法计算。

通过上述的计算，我们可以发现拿一副好牌的概率和牌面出现的数学概率是相对应的。至于扑克牌游戏是某个数学家依照某些概率设计出来的，还是数百万个赌徒以身家财产为赌注从流行赌场或者暗处的赌桌上总结出来的，我们就无法知悉了。如果答案是后者，我们就必须对这些经历表示肯定，毕竟这为研究复杂事件的相对概率提供了很大的帮助。

“相同生日”问题也涉及概率计算，这是一个十分有趣的例子，结果也很出人意料。请回想一下，你有没有一天同时收到两场生日会邀请的时候？你可能会说自己只有 24 个朋友，可是一年有 365 天呢，所以这种可能性很小。

事实上，这种判断并不正确，是不是很不可思议？在 24 人中，出现一对朋友是同一天生日的概率比不是同一天还要大，而且甚至会有好几对朋友是同一天生日。

下面我们一起验证一下上面的结论吧！首先，我们列举24个人的生日，为了简便起见，我们从《美国名人录》（书也是随机的）选取一页，然后从中选取24个人，接下来比较他们的生日。这里可以继续采用我们从掷硬币和扑克游戏中学到的简单概率法则进行计算。

我们首先计算所有人都单独过生日的概率，第一个人的生日可以是任意一天，那么第二个人的生日可以是剩下364天中的任意一天，也就是说两个人生日不在同一天的概率是$\frac{364}{365}$。以此类推，第三个人既不能和第一个人同一天生日，也不能和第二个人同一天生日，所以他的生日可以是剩下的363天中的任意一天，概率是$\frac{363}{365}$，我们可以得知接下来几位朋友单独过生日的概率依次是：$\frac{362}{365}$，$\frac{361}{365}$，$\frac{360}{365}$……$\frac{362}{365}$（公式是$\frac{(365-23)}{365}$），每个人生日不同，也就是这些事件要同时发生。根据概率乘法规则，可以得知，24个人中没有任何两个人同一天生日的概率是：$\frac{364}{365}\times\frac{363}{365}\times\frac{362}{365}\times\cdots\frac{342}{365}$。

如果你具备高等数学的知识，那么在几分钟内就可以得到结果。如果知识有限，那就只好一项一项相乘了[①]，计算起来并不复杂。计算得出结果是0.46，意味着这种结果出现的可能性小于一半，也就是说24个人中没有任何两个人同一天生日的概率是46%，那么24个人中至少有一对朋友具有相同生日的概率是54%（也就是1−0.46）。如果你有25位或者更多的朋友，有很大概率会被邀请在同一天参加几场生日宴会，如果没有收到邀请，这说明你的朋友们没有组织生日宴会，要么你就要好好反思一下了，因为这意味着他们没有邀请你。

“相同生日”这个问题可以很好地证明，在面对一些复杂概率问题时，我们的想当然有时候错得很离谱。笔者曾经向很多人请教这个问题，其中不乏一些优秀的科学家，这些人都不相信同一天生日的概率会被非同一天要高，他们甚至愿意答应那些从2赔1到15赔1为赌注的赌约。当然，也有人给出了正确答案，本书第一章中提到的那位匈牙利数学家就是唯一的正确者，如果当初他将这些赌注全部收下，估计

① 对数表或者计算尺也可以用于计算。——作者注

会有一笔不菲的收入。

还有一点要强调，我们根据概率计算规则计算出来的只是这些事情可能发生或者不发生的概率，选出的也只能是最可能发生的事件，我们并不能确定一定会发生。在没有数千次、数万次甚至数亿次的实验结果面前，所有的结论都只能是“很可能”，并不是“一定”会发生。不过，如果实验次数较少，这些概率定理就无法那么准确地预测结论了，比如相对较短的密码破译，最著名的例子就出自美国作家埃德加·爱伦·坡（Edgar Allen Poe，1809—1849年）的小说《金甲虫》，埃德加·爱伦坡是美国著名的神秘和恐怖小说作家，同时还是诗人、评论家、编辑。《金甲虫》中主人公勒格朗先生在南卡罗来纳废弃的海滩上，从潮湿的沙子中捡到了一张羊皮纸，温度比较低的时候，羊皮纸上什么都没有，但是当勒格朗先生回到海滨屋子以后，羊皮纸在炉火的烘烤下显现出了一些红色神秘符号，骷髅头意味着这张羊皮纸出自海盗之手，山羊头意味

海盗基德（1645—1701年）：苏格兰航海家、海盗、私掠者，活跃于加勒比海地区。1701年，基德在伦敦码头被执行绞刑。

着他的主人是有名的海盗基德；剩下的符号代表的就是宝藏的埋藏地。（如图 87 所示）

我们要相信埃德加·爱伦·坡的逻辑与判断，17 世纪时，海盗已经熟悉并利用了这些常见的分号、引号和 ‡、†、¶ 等符号。

勒格朗先生正是需要钱的时候，所以他费尽心思去分析破解这幅藏宝图，最后找到了破译方法：英语中不同字母出现的频率。他的方法是基于：

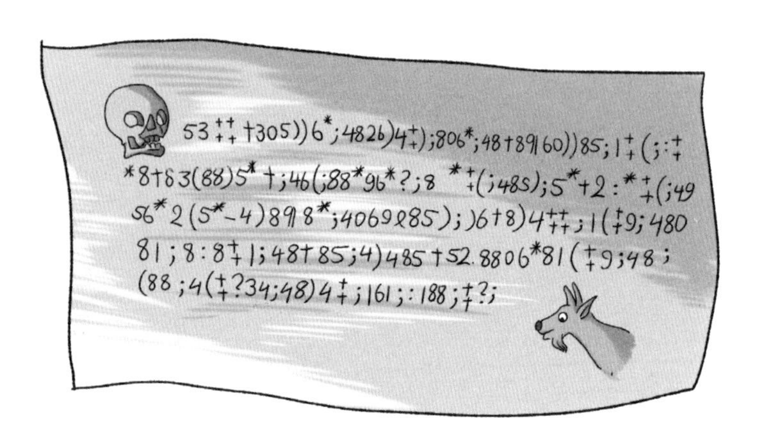

图 87 基德船长的手稿

分析过莎士比亚的十四行诗和埃德加·华莱士[1]的侦探小说后，我们会发现字母“e”是出现频率最高的字母。按照出现频率从高往低，接下来依次是：

a, o, i, d, h, n, r, s, t, u, y, c, f, g, l, m, w, b, k, p, q, z

十四行诗：又译“商籁体”，是欧洲一种格律严谨的抒情诗体。最初流行于意大利，后传到欧洲各国。莎士比亚的十四行诗形象生动、结构巧妙、音乐性强，抒发了新兴资产阶级的理想与情怀。

勒格朗先生就以此为依据破译密码，他发现在基德船长的密文中，出现次数最多的符号就是数字 8。所以他判定，8 很有可能就是代表字母 e。

这一结论是正确的，但不能因此就获得正确的结果，只能说可能获得正确答案。如果这串符号代表的信息是“You will find a lot of gold and coins in an iron box in woods two thousand yards south from an old hut on Bird

① 埃德加·华莱士（Edgar Wallace，1875—1932 年），英国犯罪小说作家、编剧、制片人、导演。代表作品有《蓝色之手》《金刚》等。——译者注

Island’s north tip”(距离鸟岛北端的旧木屋南侧两千码处有一片树林，如果你能找到藏在树木上的那只铁箱，就可以获得许多金子和钱)。这句话中字母“e”一次也没有出现过！那么勒格朗先生真的是借助概率定律找到了宝藏。

第一步的成功让勒格朗先生更加坚信自己是正确的，于是他继续用同样的方式，按照符号出现的频率匹配字母。我们在下面的表格中，将基德船长信息中出现的符号按照频率进行排序：

Of the character 8 there are	33	e	e
;	26	a	t
4	19	o	h
‡	16	i	o
(	16	d	r
*	13	h	n
5	12	n	a
6	11	r	i
†	8	s	d
1	8	t	
0	6	u	
g	5	y	
2	5	c	
i	4		
3	4	g	g
?	3	l	u
¶	2	m	
-	1	w	
.	1	b	

将字母按照在英文中出现的频率从高到低依次排列在最右边数列。将最右列字母分别按照对应关系替换最左列特殊字符，得到基德船长的秘密信息是：ngiisgunddrhaoecr...

简直是莫名其妙。

到底是哪里出错了？肯定是那个狡猾的老海盗基德，他难道没用这个基本的规律，用了一些不常见的？可惜这条信息太短了，无法选取足够的统计样本，所以没有办法使用最大概率分布法。如果基德船长用了好几页，甚至一卷来记述他的藏宝信息，那么勒格朗先生采用概率法揭露藏宝秘密的可能性就更大了。

假如投掷硬币 100 次，50 次朝上的概率会很大，但如果只是投掷 4 次呢？结果可能是三次正面和一次反面，或者三次反面和一次正面。总之，如果想要得出概率准则，那么实验次数越多，得到的结论越准确。

这条特殊字符组成的短文，字母数量无法满足统计信息采集数据要求，所以无法采用简单的统计分析方法，勒格朗先生必须以英语中不同单词的结构细节进行分析。首先，我们可以发现数字组合“88”总共出现 5 次，是出现频率最高的信息，与此同时，组合“ee”也是英文单词中出现频率相当高的组合，常见的如 meet、fleet、speed、seen、been、agree 等等。因此，勒格朗先生更加确信“8”代表 e 的正确性。如果假设正确，那么按照写作习惯，e 更多作为“the”的一部分出现。再次分析这条信息，组合“48”出现了 7 次，以此类推，“；”对应 t，“4”对应 h。

如果阅读过爱伦·坡的原作，那么这个破密过程就更好理解了。破译出的原文是：“A good glass in the bishop’s hostel in the devil’s seat. Forty-one degrees and thirteen minutes northeast by north. Main branch seventh limb east side.Shoot from the left eye of the death’s head.A bee-line from the tree through the shot fifty feet out”（译文：主教旅社里有一座魔像，在它身下有一面镜子。东北偏北 41° 13'。从主枝干向东数，第七根树枝。从骷髅的左眼开一枪。以树为起始点，沿着子弹飞行的方向直走 50 英尺）。

经过精密的计算与分析，勒格朗先生得到了一串文字，第二数列展示的就是破译得到的字母与符号对应关系，我们可以发现，其对应关系并不是完全符合概率定律。很显然，概率结果出现偏差是由于信息太短、统计样本太少造成的。不过，尽管样本数量不够多，我们依然发现这些字母的排列顺序与概率密切相关，如果字母足够多，那肯定会符合既有的定律。

想要验证这个定律，只有采用大量数据进行验证，符合条件的除了保险公司不会破产这个例子以外，就只有星条旗和火柴实验了。

想要研究这个问题，你需要一盒火柴——什么样子的都可以，你还需要一面带有红白条纹的星条旗子，条纹的宽度要大于火柴的长度；如果实在找不到，你可以自己动手画一面，在一张空白纸上，画上数条等距平行的条纹。接下来，唯一的条件是火柴的长度要小于条纹的宽度。除此之外，还需要用到希腊字母 π，这个字母我们也很熟悉，它还代表圆周和直径的比率：圆周率，数值大小等于 3.1415926535……

（人们已经推算到了小数点后很多位，它们已经为人们所知，但没有必要全部写出来）。

现在，我们把旗子平铺在桌子上，然后向上抛出一枚火柴，它会随机落在旗子上的某个位置（如图 88 所示）。火柴可能完全落入某一条纹内，也有可能占据两道条纹。那么每种结果发生的概率有多大呢？

图 88

按照我们在前面例子中学到的概率学分析知识，我们想要分析概率，首先要统计各种情况发生的次数。

事实上，火柴落在旗子上的情况有无限种，那么该怎么计算呢？

我们更深一步思考。我们用火柴中点与最近条纹之间的距离以及火柴与条纹形成的夹角来表示火柴掉落位置（如图 89 所示）。下面是火柴掉落的三种典型结果，为了计算简便，我们假设火柴与条纹的宽度都是 2 英寸。如果火柴中点与边界线距离很小，且角度很大（如例 a 所示），火柴就会落在边界线上。如果火柴中点与边界线距离很大（如例 c 所示），或者角度很大（如例 b 所示），火柴就会完全落入条纹中间。具体一些，如果以火柴一半长度为标准，当其在垂直于条纹方向的投影大于条纹宽度的一半，那么火柴会与边线相交（如例 a 所示），否则，两者不会相交（如例 b 所示）。图 89 下半部分展现的就是相交与不相交的实现关系。如果建立一个坐标轴，以火柴落下的角度为横坐标，单位是半径为 1 的圆弧长度，以一半火柴在垂直方向上的投影长度为纵坐标；在三角学中，这个长度表示的是给定角度的正弦。当角度为 0 时，也就是火柴与条纹平行，对应的正弦值为 0。当角度达到$\frac{1}{2}\pi$时，也就是火柴垂直于条纹[①]，对应的正弦值是 1，正好与投影重合。我们现在已经知道了两个极限值，中间角度对应的正弦值就是正弦曲线。（图 89 展示的是完整曲线的四分之一，范围从 0 到$\frac{\pi}{2}$。）

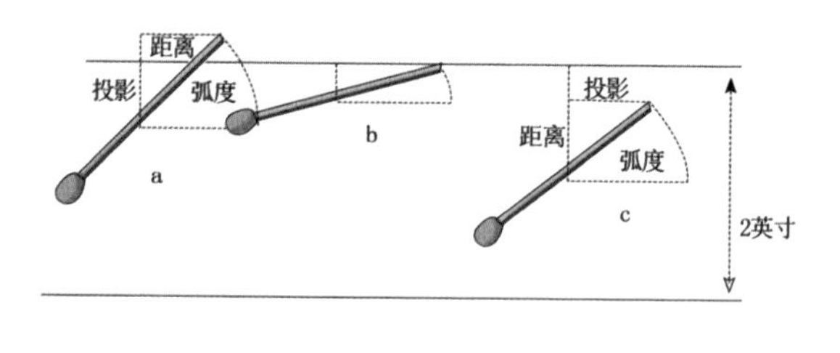

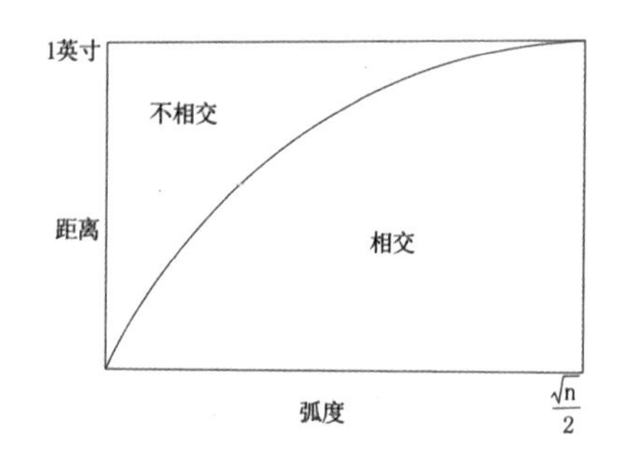

图 89

① 圆周长的计算公式是 π 乘以直径，当半径是 1 时，圆周长为 2π。那么四分之一圆周的长度等于$\frac{\pi}{2}$。——译者注

我们可以通过曲线坐标图，计算掉落火柴与条纹边线相交的可能性。事实上，图 89 上半部分的 3 个例子可以清晰地告诉我们，如果火柴中心距离条纹边线的长度小于垂直投影的长度（小于正弦值），两者不会相交，也就是以距离和角度标出的坐标点位于图 89 显示曲线的下方。如果以距离和角度标出的坐标点位于曲线上方，意味着火柴会完整地落入条纹之中。

所以，我们可以根据曲线上方区域与下方区域面积的比值得到相交与不相交机会的比值，换句话说，相交的概率等于上方区域面积与整个矩形面积的比值，不相交的概率等于下方区域面积与整个矩形面积的比值。具体情况可以在第二章找到，那里有完整的数学论证，图中正弦曲线下方的面积等于 1。同时，整个矩形区域的总面积等于$\frac{\pi}{2}\times1=\frac{\pi}{2}$，因此可以得到火柴与条纹边线相交（注意我们的假设，火柴长度等于条纹宽度）的概率为$\frac{1}{\pi/2}=\frac{2}{\pi}$。

这个有趣的数字 π 是科学家布丰在研究火柴和条纹实

验的时候发现的，后来火柴和条纹的实验也以布丰命名。[1]

但是，具体做实验的却是意大利数学家拉兹瑞尼。他在实验中共投掷了3408根火柴，结果总共有2169根火柴与条纹边线发生了相交，将实验结果代入布丰公式，得到π的值为$\frac{2+3408}{2169}$，也就是3.1415929，这个数据直到小数点后第七位，与真正的π值发生了偏差！

这个例子有趣又有意义，它是概率定理有效性的有力证明，当然，掷硬币的总次数除以正面朝上的次数结果是“2”这件事更有趣。也许你得到的结果是2.000000……，那么这个误差和拉兹瑞尼得到π值一样，误差很小。

四、“神秘”的熵

上面这些例子，都是与生活息息相关的概率例子。当选择的样本比较少时，结果总是会让我们失望，但是当样本

① 布丰（Georges Louis Leclere de Buffon，1707—1788年），18世纪伟大的法国博物学家和数学家。——译者注

数目足够大时，预测就会越来越准确。尤其是面对数量巨大的原子和分子时，因为任何物质都是由很多原子和分子构成的，包括我们能接触到的最小物体。因此，在讨论醉汉转弯问题时，如果有六个醉汉每人转了二三十次弯，我们也只能推测出可能的结果，但是对于每秒钟发生数十亿次碰撞的数十亿染料分子，我们就可以根据概率理论推理出最为严格的物理扩散定律。换句话说，原本在试管一半水中溶解的染料分子，经过一段时间就会均匀地溶解在全部试管水当中，而且这种扩散到整支试管水的可能性很高。

就在你现在读书的这间房间里，从左墙面到右墙面，上到天花板，下到地板，整个房间里都充满了空气，它们均匀而平稳，绝不会聚集在某一个角落里，否则你很有可能窒息了，这也是基于同样的扩散原理。事实上，空气聚集这种事发生的可能性极小，但并不意味着绝对不会发生。

为了便于理解，我们将房间分解研究一下，假设房间被一个垂直平面均匀分成两部分，空气分子会怎样分布呢？这个问题与上一节中研究的投掷硬币问题相同。随机挑选一个分子，它位于左半部分与右半部分的机会是相同的，就像投掷一枚硬币，它落下后可能正面朝上，也可能反面朝上。

不管其他分子的分布如何，它们位于房间左半部分与右半部分的机会是相同的[①]。所以我们才说分子在房间内的分布问题与投掷硬币相同，两个问题的结果都是一半一半，如图 84 所示，这种情况下，最可能出现的结果是一半分子在左侧，一半分子在右侧。从图中得知，随着投掷次数的增多（在这个实验中，就是空气分子的数量增多），出现 50% 结果的可能性越来越准确，当数量非常大的时候，可能发生就变成了必然发生。在一间宽 10 英尺、长 15 英尺、高 9 英尺的房间中，包括 1350 立方英尺的空间，也就是 5×10^7 立方厘米，里面均匀地充满了 5×10^4 克空气。按照 $30\times1.66\times10^{-14}$ 克的平均空气分子质量计算，可以得知房间中存在 10^{27} 个分子（$5\times10^4/5\times10^{-23}=10^{27}$）。而在这间屋子当中，所有分子都位于右半个房间的概率为：

① 气体分子之间的间距很大，在一定空间内，可以容下足够多的分子，而且不会妨碍新分子的进入。——作者注

$\left(\frac{1}{2}\right)^{10^{27}} \approx 10^{-3\times10^{26}}$即 $10^{-3\times10^{26}}$ 分之一。同时，空气分子每秒钟大约移动 0.5 公里，在上面的房间当中，分子只需要 0.01 秒就可以从这一端移动到另一端，所以，房间中的分子分布，每秒钟会发生 100 次变换。因此，分子全部运动到房间右半部分需要 $10^{299999999999999999999999998}$ 秒，但是请注意，宇宙出现到现在为止，总共才 10^{17} 秒的时间！所以，你就放心地学习读书吧，没有必要担心自己会发生窒息。

再举一个水分子的例子。我们假设桌子上有一杯水，杯子中的水分子时时刻刻都在进行不规则热运动，奔向四面八方，因为同时受到内聚力的作用，才没有四处分散。

各个分子运动的方向都符合概率定理，所以存在一种可能性，就是在某一时刻，上半部分水向上方运动，下半部分水向下运动[①]。这时，处于分割线上的水分子所拥有的内聚力不足以抵抗热运动的能量，所以杯子中上半部分的水会像子弹一样冲向天花板，这是不是一个很神奇的物理现象？

---

① 根据动量守恒定律，我们可以肯定不可能所有分子同时朝同一方向运动。——作者注

当然，还存在另一种可能，那就是水分子所有的热运动总能量都集中在上半部分水中，这时候，位于下半部分的水会突然凝固，位于上半部分的水开始剧烈沸腾。我们从没有亲眼见过这些现象，但是这并不意味着它们不会发生，只是说明这种现象出现的可能性很低。经过计算，你会发现，这种分散的分子具有相反速度的概率和空气分子聚集在某一角落的概率一样小。同样地，因分子相互碰撞，导致动能转移到其他分子内部的可能性也很小，完全可以忽略不计。因此，我们可以得知，在日常生活中常见的现象，才是速度分布出现概率最高的情况。

我们选取一些平常不会自然出现的情况，比如从房间的某一个角落释放一些气体，或者将热水浇到冷水上方，这时候的分子的位置或速度都不是常态，接下来会发生一系列的物理变化，系统最终会由不常见状态发展成最可能的状态，也就是我们最常见的状态：气体均匀地扩散到整个房间，上层的热水与下层冷水混合，杯子中的水达到同一温度。因此，我们得到结论，所有依靠分子不规则热运动进行的物理过程都会向着发生概率越来越高的结果发展；当达到理想状态，运动停止，这时候是运动最可能出现的状态。在房间内空气分布的这个例子中，我们可以发现，某些分布情况出现的可能性很小，甚至用数字表示出来很不方便，比如空气聚集在房间某一侧的概率是$10^{-3\times1026}$，所以为了方便表示，我们采用了对数形式，我们将这个数值称为熵。熵在讨论物质不规则热运动的问题上起到至关重要的作用。前面我们提到的物理过程的发展方向可以表述为：任何一种能量在空间中分布的均匀程度，能量分布得越均匀，熵就越大。一个体系的能量完全均匀分布时，这个系统的熵就达到最大值。

这就是熵定律，也称作热力学第二定律（第一定律是能量守恒定律），这些都是正常的物理现象。

熵定律也称作无序增加定律。我们观察上述例子，可以发现当熵最大时，分子的位置和速度都是随机的，换句话说，任何使分子进行有序运动的物理过程，都会导致熵减小。利用熵定律公式还可以推导解决热转化为机械运动的问题。热能其实就是分子无需热运动的能量，而将物质的热能转化为机械能，就意味着要驱使物质内所有分子进行同一方向运动。在杯子实验中，我们已经得知使上半部分水向上喷射的现象基本不会发生，也就是概率极低。所以，机械运动动能可以完全转化为热量，最简单的例子就是摩擦，但热能永远不可能完全转化为机械运动。这就是“第二类永动机”不可能存在的原因[①]，就像不可能在常温下降低物质温度，从中提取热量，转化为机械能一样。举个形象一些的例子，就是蒸汽船不烧煤，而是抽取海水，使用锅炉从中获取能量，推动轮船运动，再将失去能量的海水冰块投入海中，这种蒸汽船绝不可能出现。

> 永动机：一种人们设想的不需要外界输入能量，或只需要一个初始能量就可以永远做功的机器。由于违反能量守恒定律和热力学定律，因而无法被制造出来。

那么普通蒸汽引擎是如何将热量转化为机械运动的呢？这个物理过程会违反熵定律吗？其实蒸汽引擎在作用的过程中，是通过燃烧燃料获取能量，而且只能利用一部分，大部分能量会以废气的形式排到大气中，或者被专门的蒸汽冷却

① “第一类永动机”提出能在没有任何能量供应的情况下工作，这不符合能量守恒定律。——作者注

器吸收。这个过程中涉及两部分熵变化：①热量转化为活塞的机械能，熵减小；②热量被冷却器吸收，熵增加。这两个熵变化是恰好相反的，熵定律只要求系统的总熵增加，在上述运动当中，第二部分的熵增加，导致第一个因素很容易实现。为了便于理解，我们再介绍一个例子：假设在距离地面6英尺高的架子上有一个重5磅的物体，根据能量守恒定律，在没有任何外力的作用下，物体绝对不可能自发运动到天花板。但是另一方面，如果这个物体是多个部分组合而成，那么一部分物质的坠落可能导致另一部分物质的上升，这就是因为掉落产生的能量大于上升需要的能量。

同样地，如果一部分物质增加的熵可以弥补另一部分减少的熵，现象就可以发生。换句话说，对于分子的无序运动，一部分区域内的无序性可以增加是因为另一部分区域内的分子有序性在增加。在许多情况下，我们都在像发明热力发动机一样利用熵定律。

五、统计涨落

经过前文的论证，我们现在可以得出这样一个结论：在各种物理现象中，都会涉及大量的单个分子，基于这样的前提，我们才能确定结果符合概率推论。熵定律和推论的定律都是在这一基础上推出的。但是，当分子数量很小时，就不能保证结果符合概率推论了。

在这里，我们不再讨论大房间范围内的气体情况，转而将注意力集中在小面积区域内的分子，我们假想一个边长为1%微米的正方体[1]，那么情况就会发生很大的变化。该立方体的体积是10^{-18}立方厘米，内部拥有30个分子（$\frac{10^{-18}\times10^{-3}}{3\times10^{-23}}=30$），这些分子全部聚集在原立方体一半区域内的概率是$(\frac{1}{2})^{30}=10^{-10}$。

这个立方体的体积远远小于上个例子，这时候分子之间的距离是10^{-6}厘米，分子按照每秒0.5公里的速度运动，那

---

① 微米是长度单位，符号：μm，1微米相当于1毫米的千分之一。——译者注

么分子每秒钟将运动 5×10^9 次。这样一来，基本上每秒钟就会出现一次气体集中在半个立方体之中。以此推论，一部分分子集中在小立方体角落的可能性更大。假如立方体的一端分布着 10 个分子，另一端比上一端多分布 10 个分子，分布规律：

$$\left(\frac{1}{2}\right)^{10}\times5\times10^{10}=10^{-3}\times5\times10^{10}=5\times10^{7}$$

这意味着每秒钟会出现 5000 万次。

所以，我们可以得知，当空间体积很小时，空气分子的分布并不均匀。如果将分子放大到肉眼可见，我们会发现分子会在某个时刻聚集在一起，然后又散开，接下来又会发生聚集。我们将这种效应称为“密度涨落”，很多物理现象中都会涉及这一现象。比如天空呈现蓝色，是因为当太阳光线穿越大气层时，不均匀的空气分布会导致光谱中蓝色光线发生散射。我们看到的太阳比实际的太阳更红，尤其是在太阳落山的时候，也是因为太阳光线必须穿过较厚的一层空气才能到达我们的视线中。假如没有这些空气的不均匀分布，天空就会呈现出一片漆黑，甚至会在白天出现星星。

同样地，普通液体中不同位置也存在密度和压力的差别，只不过表现得没有那么明显。按照布朗运动的原理进行解释：不同位置的密度导致压力的变化，悬浮在水中的小颗粒在压力作用下被迫运动。如果将液体加热，当温度接近沸点时，密度的变化会更加明显，并呈现出乳白色。

我们看到这里，有没有产生一个疑问：对于这些受统计涨落效应影响的小物体还适用于熵定律吗？如果询问不断受到分子推挤的细菌，它们肯定会嘲笑“分子的热运动并不能转化为机械能”的说法。因为在这种情况下，不能说熵定律不准确，而应该说不适用。实际上，熵定律描述的是分子运动不能完全转化为包含极大数量独立分子的宏观物体运动。不过，对于这种自身体积不比分子大多少的细菌而言，热运动和机械运动并没有什么明显区别，它们在分子间被抛来抛去，这种感觉就像我们被兴奋的人群撞来撞去。如果我们是细菌，那我们只需要将自己绑在飞轮上，就可以制造出“第二类永动机”，不过如果变成这个样子，那我们的脑子就无法利用机械装置了。所以我们不是细菌也没什么可遗憾的！

在有机体中讨论熵的增加定律时，我们又会发现一些问题。一棵生长的植物能够从空气中吸收二氧化碳，从土壤中吸收水分，合成自身需要的有机分子。这个过程中简单分子转变成了复杂分子，发生了熵减少的变化。在焚烧木头的过程中，有机分子分解成了二氧化碳和水蒸气，发生了熵增加的变化。难道植物生长过程真的与熵的增加定律是矛盾的吗？难道生物真的会获得神秘生长力量吗？就像古代哲学家猜测的那样。

仔细分析之后，我们会发现这个矛盾并不存在，因为在植物生长的过程中，除了二氧化碳、水和某些盐，还需要充足的阳光。阳光为植物提供的能量被植物加工储存在体内，当植物燃烧时释放出来；除此之外，阳光中带来了“负熵”（低熵），植物绿叶吸收了光线。因此，植物在进行光合作用时发生了两个过程：第一是太阳的光能转变成了复杂有机分子的化学能；第二是阳光还造成了“负熵”，降低了植物自身的熵，所以将简单分子合成了复杂分子。如果用“有序对无序”

的描述，绿叶吸收太阳光时，植物内部的秩序被传递到分子中，因此简单分子才能合成更复杂、更有序的分子。植物利用来自太阳的负熵（秩序），将无机物加工成自身需要的有机物。动物是在食用植物（或者其他动物）的过程中来获得负熵，也可以说它们间接使用了负熵。